探索
百科

超侠/主编

马万霞 黄春凯/编

揭秘海洋奇迹

黑龙江科学技术出版社
HEILONGJIANG SCIENCE AND TECHNOLOGY PRESS

图书在版编目（CIP）数据

揭秘海洋奇迹 / 马万霞, 黄春凯编. –– 哈尔滨：
黑龙江科学技术出版社, 2022.10
（探索发现百科全书 / 超侠主编）
ISBN 978-7-5719-1564-3

Ⅰ.①揭… Ⅱ.①马… ②黄… Ⅲ.①海洋－普及读
物 Ⅳ.①P7-49

中国版本图书馆 CIP 数据核字 (2022) 第 151573 号

探索发现百科全书　揭秘海洋奇迹

TANSUO FAXIAN BAIKE QUANSHU JIEMI HAIYANG QIJI

超　侠 主编　马万霞　黄春凯 编

项目总监	薛方闻
策划编辑	回　博
责任编辑	刘　杨　顾天歌
封面设计	郝　旭
出　　版	黑龙江科学技术出版社
	地址：哈尔滨市南岗区公安街 70-2 号　邮编：150007
	电话：（0451）53642106 传真：（0451）53642143
	网址：www.lkcbs.cn
发　　行	全国新华书店
印　　刷	哈尔滨市石桥印务有限公司
开　　本	720 mm × 1000 mm　1/16
印　　张	10
字　　数	150 千字
版　　次	2022 年 10 月第 1 版
印　　次	2022 年 10 月第 1 次印刷
书　　号	ISBN 978-7-5719-1564-3
定　　价	39.80 元

自古以来，人们都是站在陆地上观察、审视甚至是利用海洋的。古人把陆地当作家园，把陆地当作世界的中心和出发点。可事实果真如此吗？

地球上大约 70% 的区域被蓝色海洋所覆盖。在这个数据面前，陆地黯然失色，海洋才是地球的主体。如果回溯到地球形成之初，我们很快会发现另一个真相：海洋是当今一切生灵的远古老家。

如果我们站在海洋的角度观察世界，审视人类自身行为，那么我们对它的错误认识以及做出的一切"恶行"都能得到恰当的修正。我们不会将海洋当作"垃圾桶"，任由"白色垃圾""黑色污染"肆意破坏环境；也不会一味掠夺资源不加保护。相反，我们会小心翼翼地守护它的"无尽深蓝"。因为我们已经懂得"谁了解海洋，谁就能了解自身；谁爱护深蓝，谁就能走得更远"的道理了。

目 录 Contents

第一章　水世界 /1

百年大洪水
海洋星球·················2
咸与苦交加···············5
蔚蓝之源················7
近和远··················9

四大水域
激情的大洋···············12
潜滋暗长················15
东西交汇················17
茫茫冰海················21

形形色色的海
五色交辉················23
跃动珊瑚海···············26
小而美之海···············28
琥珀之海················29

动荡不息
海浪不停················31
天然时钟················34
伟大征途················36
洋流的力量···············39

潜入深海
海洋边缘················42
深海"棋盘"··············44
高低之间················46
海底热泉················48

第二章　蓝色的家园 /53

海底动物
层次井然················54
"无脊椎"家族············57
海底"大块头"············60

鱼的王国
水中霸主················63
终生游动················66

生存之路
海洋食物链···············68
集群生活················71
颜色是一种工具·············74
性别可转换···············76

海天之间

海空卫士……………………78

海中"绿地"………………80

海岸卫士……………………82

第三章　探索海洋/85

到海外去

浪漫想象……………………86

向海而生……………………88

海上勇士……………………90

风浪里前行

发现好望角…………………92

到达印度……………………94

登陆美洲……………………96

环球航行……………………98

中国航海

从传说到"海上丝路"…100

郑和下西洋………………102

漂洋过海

舟船小史…………………104

不断下潜…………………106

"海水不可斗量"…………108

海洋研究

海底画像…………………110

太空视角…………………113

第四章　保护海洋/117

"深蓝"宝库

无声的馈赠………………118

蛋白质"工厂"……………121

金属"仓库"………………123

"提取"淡水………………125

化学海洋…………………127

病态海洋

"大崩溃"…………………130

人类惹的祸………………132

核与热……………………134

白色海洋

"第八大洲"………………136

海洋里的"PM2.5"………138

生态厄运

捕捞竞赛…………………141

红色幽灵…………………143

恐怖的黑色………………145

守护蔚蓝

为海洋"立法"……………147

海洋保护区………………148

全球参与…………………150

走向"深蓝"………………152

第一章　水世界

提到海洋，首先映入我们脑海的是"蓝"，但它仅仅是一片蓝色水域吗？仅仅以色泽区分于其他事物吗？没那么简单！

海洋如同地球上的万事万物一样，有自己的光辉历程，有自己的味道，有自己的特性⋯⋯这一切都需要我们以一颗"敬畏"之心去感受，去了解，才能认识到海洋的"独特"之处。

让我们从数十亿年前的百年大洪水开始，走进海洋。

百年大洪水

海洋星球

46亿年前，地球初成。它躁动不安，时刻都在显示自己的力量。原始地壳薄脆而无力，根本没办法束缚住里面炽热而冲动的熔岩，再加上随时造访地球的小天体的撞击，火山、地震像比赛似的，争相爆发。它们把藏在地底下的水喷出地表，又汇聚到天空上，形成原始大气。那藏在地底下的水是宇宙的馈赠。每一次火山喷发，地球上空都会增加几百万千克的水蒸气。水汽日复一日喷发、堆积，渐渐形成云朵。当地球开始降温，云朵中又容纳不下那么多的水汽时，大雨便倾盆落下。

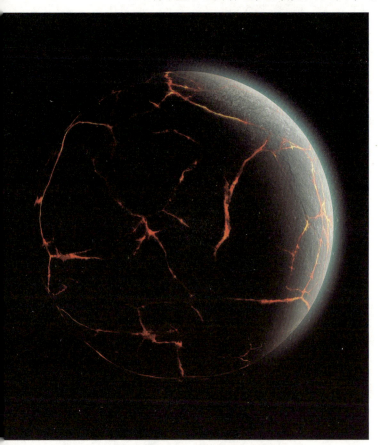

科学家对最初5亿年的地球了解甚少，它被称为"地狱星球"，因为当时全球温度较高，遍地覆盖着岩浆，与当代地球环境完全不同

最初，大雨只是聚集在地球坑洼地带，形成一些小湖、小水洼；但这不是普通的暴雨，这是一场持续了很久的大暴雨。没人知道这场雨是下了几百年还是几万年。但当雨过天晴的那一刻，地球几乎没有裸露的地表了，到处是汪洋一片。那真是一个十足的海洋星球。

又经过上亿年的风雨雷电，沧海桑田，地球终于形成了如今的海洋。如今的地球表面大部分区域都处于海洋的"控制"之下，

▌由于大约40亿年前大规模的星体碰撞，现有的海洋才会反复蒸发形成水循环

海洋终于形成了，可这还不能算作一个"喜讯"：它并不意味着"生机"，更不意味着"生命"。因为此时的海洋环境极为恶劣——它虽然不咸，但是内含"酸性"，又没有氧气，是与生命"无缘"的孤寂世界。

地球有话说

3

干燥的陆地还不足地表面积的1/3。海洋水体的体积约为13.7亿立方千米。

当然了，海洋的存在也与日地之间恰如其分的距离有关。这个不远不近的距离，使得地球温度不高不低，海水也不会热得四散蒸发，更不会冻成冰块。

此外，地球巨大的引力也起了作用。要是没了地心引力，海洋里的水恐怕要"逃逸"到太空里去呢！

▍从45亿到40亿年前开始，一场长期风暴袭击了地球，带来了水。地球从地狱星球变成一个盈盈水球

环保小·贴士

不为人类存在的环境

世界人口的一多半都生活在距离海岸线不足100千米的地方，还有更多的人依赖海洋而生存，或是度过闲暇时光。但实际上，海洋作为一种环境要素，它并不是为人类而存在的一种环境。人体结构适于行走，而非游泳；肺适合呼吸空气，而非吸入海水，咸涩的海水也不适宜人类饮用，是人类一直在努力适应海洋，海洋却从不"迁就"人类。当海洋遭遇大规模破坏，或是其他原因，海洋还有能力重新席卷全球——就像远古时代那样。

咸与苦交加

呛过海水的人都忘不了那咸苦的滋味。没错，海水的味道是咸的。不过最初的海水是带有刺鼻气味的，因为里面含有一定量的盐酸。后期，水分不断蒸发，成云致雨，再次降落下来的雨水冲刷着地表裸露的岩石，并将一些碎屑带入海中。碎屑中含有各种盐类物质以及一些其他化学元素。

盐类不断溶解于海水中，海水变成了"咸水"。但是海水中还含有另外一些化学物质，比如氯化镁和硫酸镁，它们的味道是苦的，所以，海水是既咸又苦的。据说，自古生代（5.5亿~2.5亿年前）以来，海水的盐度便大致固定下来了。

盐度是衡量海水中盐类物质多少的一个标度，世界各大洋由于受到蒸发、降水、结

▌原始的海洋

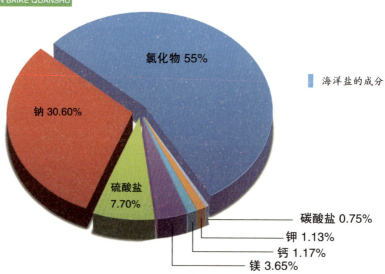

氯化物 55%

钠 30.60%

硫酸盐 7.70%

碳酸盐 0.75%

钾 1.13%

钙 1.17%

镁 3.65%

海洋盐的成分

冰等多种因素的影响，盐度并不均匀，但世界大洋的平均盐度为 3.5%。这样的数字并不能让我们直观地感受到地球海水中盐分的总量，不如换一个质量单位来标注——这个数字约为 5 亿亿吨。

如果再换一种说法的话，可以这样衡量：如果将地球海水蒸发一空，那么，整个大洋底将出现一个厚达 60 米的"盐滩"。把这些盐堆起来，人们能轻轻松松地堆出一个珠穆朗玛峰。

除了盐，海水中的其他元素，如铀、碘等的含量也是天文数字。

美丽的海边盐田

蔚蓝之源

"蔚蓝的海面雾霭茫茫，孤独的帆儿闪着白光！"在诗人的笔下，大海总是涌动着蓝色的浪漫。这无边的"蔚蓝"从何而来？

在回答这个问题之前，我们先要抬头望一望太阳。绚烂的阳光是由红、橙、黄、绿、青、蓝、紫七种颜色的光合成的。光线的颜色不同，波长也就不同。而海水对于不同波长的光线，无论是吸收、反射还是散射，都有自己的"偏好"。

在吸收方面，一束光射入海水时，长波的红、黄、橙等光线会被海水不加选择地吸收。但波长较短的绿、蓝、青等颜色的光线却受到海水的"排斥"——尤其是蓝色光线，基本全被反射出海面。在散射方面，蓝光则是被水分子散射得最多的一种颜色。这两个因素叠加起来，"蓝"就成了最不受海水"待见"的一种颜色。当蓝光进入人眼时，我们就会看到一片"蔚蓝"了。

▌水天一色，在阳光的折射下，海水呈现淡绿色

▌海水吸收阳光示意图

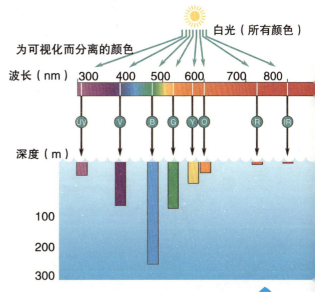

白光（所有颜色）

为可视化而分离的颜色

波长（nm） 300　400　500　600　700　800

UV　V　B　G Y O　R　IR

深度（m）

100
200
300

通常情况下，海洋闪烁着剔透的"蓝"或"绿"，这是一种较为"健康"的颜色。不过人们也曾见过各种异常的海色：土黄的泥沙色、缺乏有机物的白色、"缺氧"又污浊的黑色、以及血红、绿色、褐色、黄褐色等赤潮色。当各种赤潮色出现时，就意味着此处海水不再"健康"，出现了"病痛"。

海水中的悬浮物质也会影响到海水的颜色。离海岸近的海水悬浮物质多，颗粒很大，这使得远处与近处的海水颜色有了很明显的区别。远处的海水颜色深蓝，近处的则慢慢变浅。到了河口三角洲附近，海水受陆地影响很大，颜色多呈现淡绿色。

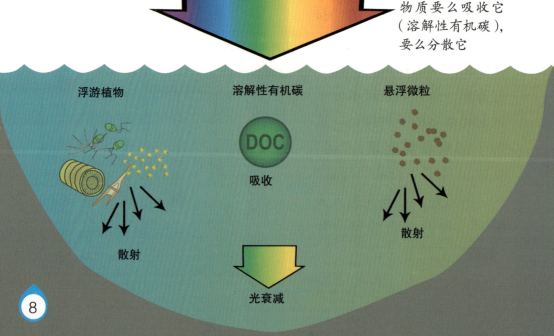

太阳入射光

▌海水悬浮物质对颜色的影响：一旦光线照射到水中，这些物质要么吸收它（溶解性有机碳），要么分散它

浮游植物　　　溶解性有机碳　　　悬浮微粒

DOC
吸收

散射　　　　　　　　　　　　　散射

光衰减

金色的沙滩、碧绿的海水、湛蓝的天空，是近海的"标配"

近和远

我们习惯把"海""洋"二字连用，组成"海洋"一词，仿佛它们是不可分割的一样，实际上，这两个字的区别大着呢。

当我们漫步于海滩时，"海"近在咫尺，而"洋"在天涯海角。"海"已经足够辽阔无边了，超越了人类的视线范围，但它只不过是"洋"的边缘水域，跟真正的大洋比起来，只是"小巫见大巫"罢了。真正的"洋"雄踞远方，"稳坐"海洋水体中心位置。至于洋的深度，更是海无法企及的。

众所周知，全世界的广阔水域被分为"四大洋"：太平洋、大西洋、印度洋和北冰洋。不过现在也有一种"五大洋"的说法——在"四大洋"之外，增加了一个"南大洋"，或叫"南冰洋"，位于南极洲附近。

大洋的一切都以"稳定"为前提，包括潮汐系统、洋流系统，乃至水温、盐度在内的整个水域环境常年处于稳定状态，基本不会受到大陆的影响，水面也永远是澄澈的蔚蓝。

与"洋"的"稳定"相比，"海"被赋予了"灵动"的意味。它们深度较浅，整个环境会随着大陆环境的改变而改变，在分类方面也深受大陆影响。处在几个大陆之间的，便是陆间海，比如地中海；通过半岛或岛屿与大洋相邻的，就是边缘海，比如黄海、东海；深入大陆内部的为内陆海，比如我们熟知的渤海。

环保小·贴士

地球"碳汇"

我们通常把能吸收二氧化碳的区域称为"碳汇",如森林碳汇、草地碳汇等。实际上,海洋也具有吸收二氧化碳的能力,而它的面积又十分广大,因此,海洋也是地球上十分重要的"碳汇"区域。据估算,地球上每年因化石燃料燃烧所产生的碳排放约有三分之一被海洋所吸收。因此,如何提升海洋的"固碳"能力,是值得人类思索的问题。

▋ 世界海洋卫星图

北冰洋　巴伦支海　喀卡拉海　拉普捷夫海

鄂霍次克海

黑海　里海　日本海　黄海

波斯湾　东海

红海　菲律宾海

阿拉伯海　南海

拉克代夫海　苏禄海

苏拉威西海　班达海

爪哇海

阿拉弗拉海　珊瑚海

印度洋

塔斯曼海

罗斯海

四大水域

激情的大洋

　　对于不熟悉"太平洋"的人来说，"太平"二字总能成功地迷惑众人，以为太平洋像它的名字所寓意的那样，是一片风平浪静之海。可真实情况是怎么样的呢？从不平静！是当之无愧的"激情"大洋。

　　那么，"太平"二字从何而来？这得追溯到大航海家麦哲伦身上。16世纪的某一天，这片渺无人烟的洋面上忽然出现一支远征探险队。为首的指挥者正是葡萄牙著名航海家麦哲伦。他正在进行人类首次环球航行，如今他已连续航行了100多天，早已疲惫不堪。他们刚刚提心吊胆地驶

1520年10月21日，麦哲伦船队在南美洲发现麦哲伦海峡

▌位于夏威夷岛喷发的基拉韦厄火山。夏威夷群岛常被人称为太平洋的"十字路口"和太平洋的"心脏"

出"麦哲伦海峡",进入了这片陌生的海域。

"嚯!想不到这里暗藏着一望无际的'太平'和'宁静'。"开阔而平和的洋面惹得麦哲伦和他的同伴们激动不已,他情不自禁地将这片浩瀚之洋称为"太平洋"。

直到后期有了更先进的测绘手段后,人们对于太平洋的认识才客观起来。这个外形酷似大圆盆的大洋

▌太平洋中的马绍尔群岛

是世界第一大洋,面积将近 1.8 亿平方千米——独占世界海洋总面积的 49.8%,可以说是海洋界的"半壁江山"了。

形成于太平洋上的热带气旋（卫星图片）

太平洋除了"广"，还以"深"著称于世，世界最深的马里亚纳海沟就位于太平洋。至于"激情"的一面，我们可以到南纬40°附近一探究竟。西风终年作乱于此，风急浪高，引得无数船只"竞折腰"。而在其他区域，热带风暴和台风则是"家常便饭"。

总而言之，"激情与冒险"这出大戏，时刻都在太平洋的洋面或是洋底上演着，从未停歇。

环保小·贴士

生命威胁

目前，太平洋正遭遇严重的环境危机。据世界卫生组织发布的数据，仅在西太平洋地区，每年就有350万人因环境污染而失去生命。干旱、洪水、台风、山火等极端气象灾害以及工业原因导致的空气污染、饮用水短缺、传染病流行等都是造成民众死亡的重要原因。

潜滋暗长

大洋家族中，有第一便有第二，大西洋就是所谓的"洋中老二"。它被南美洲、北美洲、非洲、欧洲、南极洲五个大洲"挤"成了一个"S"形，面积约为9336.3万平方千米。

在面积上，大西洋暂时没法和太平洋比，但它的优势在于"年轻"。它出现得晚，有着蓬勃的生命力。大西洋不甘屈居"洋"后，凭借海底大洋中脊，不断地潜滋暗长。这个绵延数万千米的大洋中脊每年都在向外扩展着底部的缝隙，大约每年扩张1.5厘米。

这样潜滋暗长地扩张带来了两个后果：大西洋两岸的英国和美国，每年都以1.5厘米的距离远离对方。而从长远来看，这种"水滴石穿"的力量，必将使大西洋在未来的某一天超越太平洋，成为世界第一大洋。

虽然大西洋面积相对较小，"年纪"也轻，但论起"狂野"的一面，大西洋绝不逊色于太平洋。位于南纬40°~60°的大西洋海区是风浪的"大本营"，咆哮、怒吼、狂啸、鬼门关都是专属于这片区域的名词。

▌大西洋

▌亚特兰蒂斯遗迹（想象图）

在"狂野"之外，大西洋还有诸多神秘传说，比如失落的国家——亚特兰蒂斯。古希腊哲学家柏拉图认为在其时代的 9000 年前，大西洲亚特兰蒂斯存在于此，因为地震与洪水，它沉入了大西洋。可是也有历史学家认为亚特兰蒂斯是个神话，柏拉图只是借其比喻当时社会的价值观。不过谁是谁非，只能交给时间来回答了。

东西交汇

"这是那片你梦寐以求的土地，印度展现在你的眼前……"

这是流传于 16 世纪的一首颂诗，歌颂的是葡萄牙航海先驱达·伽马战胜风暴与坏血病后，横渡印度洋的历史性时刻。

关于印度洋，西方人早有耳闻，他们曾在世界地图上将这片海域标注为"东方的印度洋"。这也是西方人一直向往的东方所在。

到 15 世纪末，西方人冲破层层阻碍，终于将船驶入印度洋海域。最先为印度洋命名的便是葡萄牙航海先驱达·伽马。他从里斯本启航，绕过好望角，横渡印度洋，

▌达·伽马像

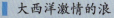

▌大西洋激情的浪

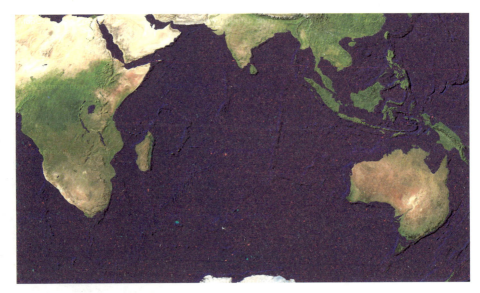
▌印度洋

最终到达印度西海岸。为此，达·伽马直接将这片"通往印度的洋"称作印度洋。西方与东方的伟大交汇终于在印度洋上得以实现。印度洋是世界第三大洋，主体位于热带；四面为亚洲、南极洲、非洲和澳大利亚大陆所环绕，距离中国并不遥远，且与中国存在很深的"渊源"。

地球有话说

垃圾污染是破坏印度洋环境的一大公害。印度洋上有世界第三大的海上垃圾场，由大量的塑料和化学残渣组成。而这些污染的来源之一便是恒河及附近的两条河流。它们源源不断地向印度洋排放了大量的塑料微粒、塑料瓶等污染物。

汉朝时的史书就有与印度洋相关的记载了，那时候已经有官方使臣、僧侣以及航海家等到访印度洋沿岸诸国的记录。到明朝时，中国人管印度洋叫"西洋"，并展开了大规模访问印度洋的行动，那便是彪炳史册的"郑和下西洋"。

和大西洋周边的发达地区相比，印度洋周围的 30 多个国家和地区，几乎都是发展中国家。而印度洋又是一个盛行热带风暴的海

▌印度尼西亚的拉贾安帕特群岛由这里的 1500 多个岛屿组成，这片水域里生存着 1500 多种鱼类和 600 多种软体动物，拥有世界上最大的珊瑚礁生态系统，是地球上已知具有最多的海洋生物种类的地区，被称为"地球上最后的海洋天堂"

▌印度洋大海啸

域，每有灾难发生，沿岸国家便遭受巨大损失。震惊世界的印度洋大海啸（2004年12月26日格林尼治时间零点59分），是近年来地球上较大规模的海啸灾难。这次海啸就是由印度洋板块与亚欧板块交界处的地震所引发的，给印度洋周边国家带来了极大的灾难。

环保小·贴士

海啸与珊瑚

　　大海啸发生时，会释放出惊天动地的能量。不过有研究发现，海底珊瑚礁能在一定程度上分散海啸的能量和破坏力，但它们也会因此受到重创——一部分珊瑚枝丫会被海啸冲毁。而那些寄生在珊瑚礁附近的海洋生物也会被冲得四散流离，乃至于无辜死亡。海啸过后，海水变得污浊不堪，这一区域的海水因为缺乏阳光，变得生机全无。

茫茫冰海

对于地球上的人来说，无论身处哪里，只要坚持不懈地向北走，最终会到达地球的"尽头"，那里有一片静默的冰海——北冰洋。

在到达北冰洋之前，你可能穿越了欧洲大陆或是北美大陆，随后进入北极圈，最终见到那片终年飘雪的冰海圣地。北冰洋面积极小，深度也浅，整体面积还不到太平洋的1/10，是十足的洋中"小弟"。

沿岸居民最早发现北冰洋，但荷兰探险家威廉·巴伦支真正将北冰洋独立出来。他在1650年将这片海域划作一片单独的大洋，并为它取名"大北洋"。直到1845年，"大北洋"改名"北冰洋"，意为"正对大熊星座的海洋"。

▎威廉·巴伦支一生致力于开拓通过北冰洋的欧亚东北航道，它见证了人类征服北极的一次勇敢尝试

因为地处极地附近，北冰洋是名副其实的"冰"之海洋。冬季时，80%的洋面处于冰封状态；就算是夏季，这里也有一多半的洋面是结冰的。北冰洋的平均水温只有–1.7℃，寒冷异常；洋面上覆盖着2~4米厚的冰层——这个数据放在北极点附近，将被放大十几倍，达到30米。冰山与浮冰是这里最常见的景色，但凶险与寒冷挡不住生机，这里同样存在着野性与躁动，是一片引人遐想的白色圣地。

▌北冰洋的卫星图片

地球有话说

在全球升温的背景下，极地冰川融化问题令人头疼。在2021年7月的一次监测中，研究人员竟然发现冰川爆发性消失——一天内便融化了22亿吨的冰，其中有12亿吨流入海洋。如果任由冰川融化，海平面上升是必然的结果。

▌北极熊是这片冰雪大地的主人，但是生存环境却日趋艰难

形形色色的海

五色交辉

通常情况下，我们见到的海和洋一样，都被赋予了炫目的"蓝"色。可在全球54个海中，却有几个别具色彩的海，令人感到耳目一新。

位于非洲东北和阿拉伯半岛之间的红海，是一片能变换颜色的海。它有时候是蓝绿色的，并不稀奇；但在另外一些时间，它却呈现出一片红褐色。

海水中的浮游生物会影响海的颜色，红海便是这种情况。在红海表层，生活着大量的蓝绿藻，当它们死亡后，通体由蓝绿色转为红褐色。大量的死亡绿藻聚集在一起，"染

> 红海有"世界上最咸的海"之称。因为它的盐度为4.1%，比全球海洋平均盐度高出了0.6%，是世界上盐度最高的海域

23

卫星照片显示下黄海的美丽的彩色旋涡

红"了这片海域。红海两岸的山脉也是红色的，它们的影子倒映在水里，更突显了海水的"红"。

在我们国家附近也有一片颜色特别的海——黄海。黄海海水透明度较低，呈现浅黄色。这是因为黄海的海水较浅，没法吸收红、黄等颜色的光波，光波被反射出来，人们就看到一片"黄绿"了。由于黄河等河流带着大量泥沙入海，海水中的黄沙加深了黄海的"黄"色。

在欧洲东南部分布着一片黑色之海——黑海。黑海是一片寂静的"死亡之海"，分为上下两层，200米以下的海水密度较大。由于下层海水与外界隔绝，氧气得不到补充，水中硫化细菌活跃，形成大量硫化氢，将海底淤泥染得黑黑的，黑海就看起来"黑黢黢"的。

环保小·贴士

拯救"污水池"

20世纪70年代，黑海的清澈有目共睹，也曾被海洋生物当作向往的乐园。但只是几十年的光景，黑海就陷入严重污染状态，整个生态系统濒临崩溃——由多瑙河、顿河等几百条河流带来的污染物几乎"杀"死了这里所有的物种。黑海成了欧洲的"污水池"。好在，附近各国都意识到黑海污染的危害，主动治理，目前，黑海的环境已得到改善。

与"黑海"相对的是"白海"。白海看上去一片洁白，因为它位于高纬度的北冰洋附近，到处都是白雪皑皑，把白海映衬出一片洁白之色。它一年中有200多天被雪白的冰层覆盖，阳光照到冰面上形成了强烈的反射，使海水呈现一片白色。

▍黑海

跃动珊瑚海

地球上总有一些特殊的地方，它们对人类别具意义，比如世界上最大的海——珊瑚海。这片"海中王者"有着广阔的疆域和得天独厚的地理位置，它位于西南太平洋上，毗邻澳大利亚、所罗门群岛等国。这里深受热带气候影响，海水的温度也高，全年平均水温高于20℃，最热的时候水温超过28℃。

珊瑚海几乎没有河水注入，透明度较高，是一片纯粹的蓝色海。这使得珊瑚海具有优美的景色和旖旎的风光，时刻都显露着热情的热带海洋之姿：海水碧蓝、岛屿青翠、金沙环绕、浪花如银。令珊瑚海驰名的不仅是它的"大"、它的"美"，更因坐落于此的大堡礁。

▎联合国考虑把大堡礁列为"濒危世界遗产"

大堡礁是当之无愧的"生命奇迹"，它是由成千上万个微不足道的珊瑚虫个体世世代代不断累积而成，是世界上最大的珊瑚礁群。这一片绵延不绝，总面积为20.7万平方千米的珊瑚礁群体，是地球的骄傲，以至于人们在太空也不能忽略它的"倩影"。

大堡礁是一个生机勃勃的野生物种王国。鱼类、软体动物、鸟类数不胜数，还有一些濒危生物。这一切构成了一处得天独厚的世界自然遗产景观奇迹，也是澳大利亚人最引以为傲的天然景观。

珊瑚礁就如同隐藏在海底的热带雨林，为珊瑚海增添了极大的魅力，它是全人类的瑰宝。

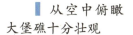

▌从空中俯瞰大堡礁十分壮观

有人还记得电视中以第一视角徜徉在绚丽珊瑚礁中的场景吗？这被誉为"海底热带雨林"的特殊区域，不仅给人类提供视觉享受，还是各种美丽鱼儿的家。可早在几十年前，珊瑚礁就出现了退化、死亡的迹象。到现在，大堡礁也已经失去了50%的珊瑚礁，成为世界知名的"海洋墓地"。如果再不采取任何行动的话，到2050年，将有90%的珊瑚礁永远地消失。

地球有话说

马尔马拉海卫星图

小而美之海

在海的"国度"中，并不是所有的海都广袤无边，也有一些小而美的海，比如世界上最小的海——马尔马拉海。

作为土耳其的内海，马尔马拉海实在太小了，还没有我们的首都北京市的面积大呢，用小巧玲珑来形容它再恰当不过。不过它的景色却毫不逊色于那些广袤的大海。

从外形轮廓上看，马尔马拉海像一颗耀眼的蓝宝石，镶嵌在博斯普鲁斯海峡及达达尼尔海峡之间。极目远眺，一片深邃的蔚蓝扑面而来；近处，波光粼粼的海面与附近异域风情的城市交相辉映，为整个土耳其赋予了大片震撼人心的瑰丽之蓝。

马尔马拉海景色宜人，处于黑海和地中海之间，连接欧、亚、非三个大洲，连通大西洋、印度洋、太平洋三大洋，战略地位不言而喻，向来是兵家必争之地。

马尔马拉岛上的特产是大理石。这里出产的大理石纹路精美，别具一格，深受古代土耳其贵族的喜爱，是建

造奢华宫殿的重要材料。实际上，希腊语中"马尔马拉"就意为"大理石"，由此可见，此地大理石甚是闻名。

琥珀之海

地球上的海水都是咸的，但也有相对来说不那么咸的海水，比如波罗的海。

波罗的海的由来可追溯至一万多年前结束的最后一次冰期，冰川大量融化，汇聚成波罗的海。另外，波罗的海是一个相对封闭的海域，盐度高的海水很难进入这片海域，而这里又是地球的低温地区，海水蒸发量小，还有大量地面淡水河注入。这些因素加在一起，就使得波罗的海盐度很低了。

波罗的海宽阔而平静，海水很浅，最浅的区域水深仅有 30 厘米，再加上盐度低，使

■ 美丽的波罗的海

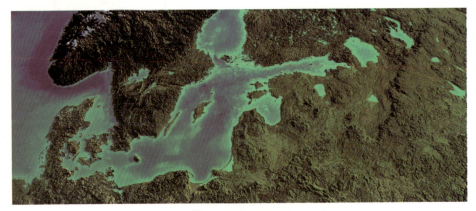

▍从空中俯瞰波罗的海

得这里极易结冰。冰封的海面对于航运业非常不利，所以，波罗的海北部每年要有很长一段时间的冰封期。即使在波罗的海南部，轮船要想通航，也得先凿开冰面，敲出一条水道才行。

冬春之交，是海鸟开始繁殖的时节。波罗的海人迹罕至的悬崖岸边，又成了热闹的场所。一些海鸟叽叽喳喳地从远处飞来，在悬崖上寻觅"无主"的巢穴，为繁育后代做准备，也给冷清的波罗的海腹地带来生命的喧嚣。

在风景优美的沙滩上，还有一种宝贝——琥珀。波罗的海沿岸是全球琥珀的主要产地，且品质上乘，被誉为波罗的海的"黄金"。

近年来，全球升温问题得到了世界各国的重视，各国已在《巴黎协定》（2015年12月通过）中达成共识，制定了一项新的全球目标：在21世纪内将全球气温升幅控制在比工业化前水平高2℃以内——更为理想的结果则是将升温幅度控制在1.5℃以内。

地球有话说

动荡不息

海浪不停

　　动荡不息是海洋永恒的主题。波浪、潮汐以及洋流是海洋运动的三大形式。

　　波浪是海洋"舞台"上最常见的"演出"。但这种"演出"毫无规律，它们有时候安静得难以察觉；有时候，却又像没被驯服的野马一般，在海面上掀起滔天巨浪。心情好时，它们能将舟船平安运送到港口；心情坏时，它们会在半路将舟船掀翻，任由它葬身海底。而这一切的"幕后推手"便是风。如果你想知道风往哪个方向吹，只要看看海浪就能猜得八九不离十。

▌海浪被称为"大海的脉搏"。无风不起浪，风是海浪的推动者

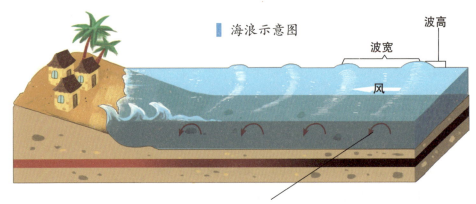

■ 海浪示意图

波高

波宽

风

单个水分子的轨迹

　　海浪有"大小高矮"的区别，有些时候，海浪规模极大，能绵延几百米；而规模小的海浪仅有几十厘米宽。至于那些"滔天巨浪"，则是海浪家族的巨人，能冲向 30 米开外的空中。好在平时，我们见到的海浪都是柔和的、安静的，不那么可怕。

　　海浪不仅是海洋活力的象征，还是海洋中的物质交换"媒介"之一。此外，海洋航运、海洋渔业、海岸码头、海上救生，甚至海战都与海浪有莫大的关系。

■ 欧洲第一座海浪能发电厂

环保小贴士

海洋能量

　　海洋是一座天然能量宝库，而人们从中获取电能的方式除了波浪发电、潮汐发电、海上风力发电以外，还可以利用海水温差来获取电能。海洋中不同深度的水温是存在差异的，越往下温度越低。表层温热的海水与寒冷的深层海水之间的温度差异进行能量转换以后，就产生了海水温差能。而这其中的任何一种发电方式都是绿色且可再生的。

　　海浪的另一个作用是它的能量可以用来发电。诗词中的"惊涛拍岸，卷起千堆雪"实际上是一种巨大的能量——波浪能。将这无穷无尽的波浪能转化为电能，成本低又无污染，是人类理想的能源替代物。因此，古往今来，人类花了很多的心血研究海浪的规律。

▌潮起潮落就像是大海的呼吸

天然时钟

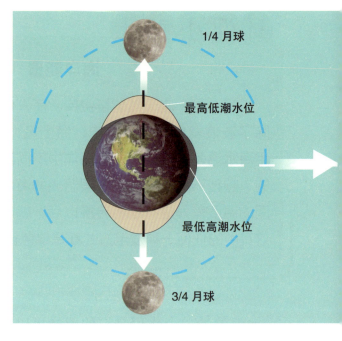

1/4 月球

最高低潮水位

最低高潮水位

3/4 月球

海洋中藏着一只稳定的天然时钟，那就是潮汐。

古人很早就注意到潮汐现象了，他们发现海水每天都要按时涨落起伏，日复一日，从没出现过错乱的情况。于是，他们为这种现象赋予名字：白天的海水涨落称作"潮"，晚间的海水涨落称作"汐"。

潮汐现象的"幕后推手"离我们有些远——太阳、月亮的引力引发了潮汐。农历每月的初一或十五时，太阳、月亮、地球三者处于一条直线上，此时地球受到的引力最大，能出现大潮景观。所谓的"大潮"就是高潮达到最高、低潮达到最低，其他时间出现的潮汐就是"小潮"。

潮起潮落是深受很多人喜爱的自然景观之一。世界上有两个观测涌潮的好地方，一处在南美洲，位于亚马孙河的入海口处；另一处就在中国，位于钱塘江北岸的海宁市。

因为钱塘江入海口呈喇叭状，越向内越窄，潮水也越来越受到约束，故而掀起气势非凡的大潮。钱塘江大潮潮头最高能达到 35 米，极为壮观。宋代诗人陈师道曾写诗赞叹道："漫漫平沙走白虹，瑶台失手玉杯空。"将那大潮想

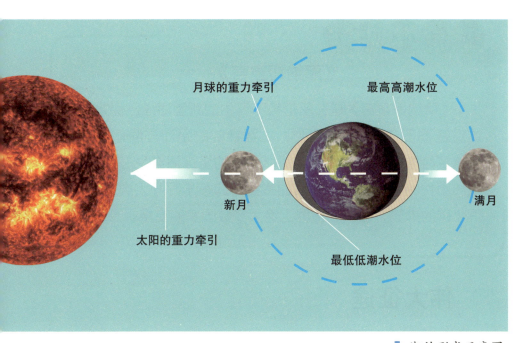

月球的重力牵引

最高高潮水位

新月

满月

太阳的重力牵引

最低低潮水位

■ 潮汐形成示意图

象为瑶台仙人失手打翻玉杯,从而使杯中的琼浆泼到人间,造成如此奔腾汹涌之势。

　　潮汐同海浪一样,蕴藏着巨大的能量,可以发电,被称为"潮汐能"。潮汐能是一种非常清洁和环保的能源。

■ 潮汐流发电机

环保小·贴士

《摩纳哥宣言》

　　《摩纳哥宣言》是在新形势下诞生的新型海洋环保宣言。这份签署于 2008 年的文件，主要针对的是海洋酸化问题，表达了科学家对海洋酸化问题所引起的全球海洋生态系统大破坏事件的警示。这份宣言的主要目的在于呼吁人类减少二氧化碳的排放，已得到世界上绝大多数国家的支持。

伟大征途

　　天下海水是一家，各个大洋便是分布在地球各处的"亲戚"。洋流是它们的"信使"，汇聚起众多向往"他乡"的水滴破浪前行，开启它们的"探亲之旅"。只不过这趟旅程太漫长了，要足足一千年才能完成一个来回。当下的人类，不过是沧海一粟，但地球是这场伟大征途的见证者。

　　说起人类对于洋流的发现，恐怕要追溯到公元前 900

▌ 洋流卫星图

亚洲

欧洲

非洲

印度洋

太平洋

北美洲

南美洲

大西洋

温暖的地表流

大洋洲

寒冷的地下流

揭秘海洋奇迹

年左右，那时候，古希腊的航海勇士们驾船从地中海进入大西洋，渐渐发现了巨大海流的存在。他们将这股巨大的海流称为"洋流"——即海洋的"巨大河流"。乘着洋流的"东风"，人类轻而易举地从地中海驶向辽阔的大西洋。

现代人都是站在巨人肩膀上的幸运儿，我们给洋流下了一个更明确的定义：海水按一定的方向、有规律地向另一个海域流动的现象叫作洋流，也叫海流。

洋流的规模远大于地面河流，长度可达几千千米，宽度更是地面河流没法比的。另外，地面河流以河岸为界，两侧都是陆地；但洋流是没有岸的，与周围的海水融为一体。当洋流首尾相接时，就形成大洋环流。

■ 暖流与寒流示意图1

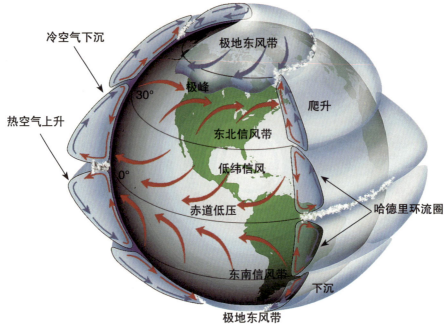

冷空气下沉

极地东风带

极峰

30°

爬升

热空气上升

东北信风带

低纬信风

0°

哈德里环流圈

赤道低压

东南信风带

下沉

极地东风带

大洋环流周而复始

洋流与海浪一样，对风"唯命是从"，风往哪吹，它们就滔滔不息地向哪个方向流。通常，固定的海域会刮规定风向的风，那么洋流也有据可查，因为没有风的"指令"，赤道环流只出现在赤道附近，绝不会流到极地去。日本暖流只会一路向北、向东，活跃在西太平洋海域，绝不会

环保小·贴士

蝴蝶效应

这个概念最初出现在气象学领域，可以诗意地表述为"亚马孙热带雨林中的一只蝴蝶，偶尔扇动几下翅膀，两周后，美国得克萨斯州将出现一股龙卷风"。原因在于蝴蝶扇动翅膀引起周围空气系统的变化，并产生微弱的气流，当微弱的气流向四周不断传递时，终会引起更大范围的连锁变化。而洋流的微弱变化，或许就在大洋彼岸引发一场未知的灾难。

"跑"到大西洋那里。

洋流看起来固定不变，可有海水流动的地方就有生机，洋流通常是生命的"竞技场"。

洋流的力量

洋流中蕴含巨大的力量，它们有各自的特点，也能为沿岸国家带来不同的影响。

在全球洋流系统中，首屈一指的当数墨西哥湾暖流。它是世界上最大的海洋暖流——流量约等于全世界河流量总和的120倍。它位于哈特勒斯角附近，湾流宽110~120千米，水层厚700 ~ 800米。随着喧嚣的涛声，这股世界上最强盛的洋流昼夜不停地流动。它将源源不断的热能分发给北欧沿线诸国，为那里带来温暖的气候。要是没有这股暖流，西欧和北欧沿岸可能要像加拿大拉布拉多半岛那样，忍受着–19℃的严寒了。

日本暖流，又叫"黑潮"，它是北太平洋西部流势最强劲的暖流，也是世界第二大暖流。黑潮的宽度在100~200千米之间，

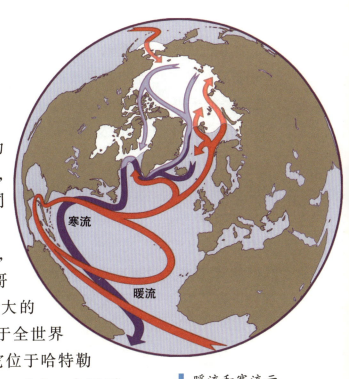

寒流

暖流

▌暖流和寒流示意图2

环保小·贴士

厄尔尼诺

　　洋流是改变世界气候的一股重要力量。厄尔尼诺就是一种由洋流异常引起的气候灾害现象。当厄尔尼诺发生时，原本冰冷的海水异常升温，给气候带来极大危害，导致本地暴雨频发，洪水泛滥，但海域的另一面又面临干旱。而对于生态系统来讲，因为水流升温，海底的营养成分不会涌向海面，浮游生物、鱼类以及鸟类都会因缺少食物而大量死亡。

深度可达 700 米，流量相当于全世界河流量总和的 20 倍。日本、朝鲜，以及中国沿海地带是这股暖湿潮流的"受益者"，这股暖流带来了高温、高盐的营养水分，也使中国东北的秦皇岛等地幸运地成为"不冻港"。

　　秘鲁寒流同样是全球洋流系统中极为重要的一

温暖的地表水

墨西哥湾暖流

冰冷的深水

支。它是"上升流"的代表，水流来自海洋下层。虽然这是一股冷水，但却给上层海水带来大量的营养物质，促进浮游生物生长繁殖，进而为鱼类家族提供了丰富的食物。世界四大渔场之一的秘鲁渔场的形成正是得益于此。

秘鲁寒流是一支补偿流，为渔场的形成奠定了基础

潜入深海

海洋边缘

我们在认识事物时，向来不会止步于事物的表面，总会想办法看看事物的本质。对于海洋，我们自然抱着同样的想法，除了波光粼粼的蓝色"外表"，还要潜入深海，领略海底风貌。

正是因为这份好奇心、探求心，我们发现原来海底的地形真的没那么简单。可以说，陆地上有多少种地形，海底就隐藏着多少种地形。

大陆架和大陆坡组成了大陆边缘，它们是大陆向海洋过渡的地带。从大陆架和大陆坡一路向海洋延伸，海水深度陡然降至 2500 米。当我们进入狭窄的大陆坡底部时，才算真正"摸"到了海洋的"门槛"。

大陆架区域的水质营养丰富，富含无机盐，还有源源

▋ 全球大陆架

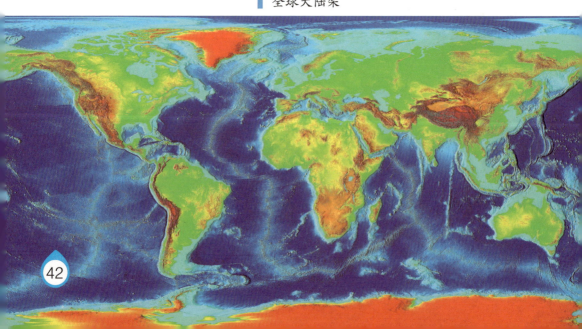

海底峡谷　　海岸线　　沿海平原

大陆架

大陆坡

大陆隆起

深海平原

大陆架示意图

不断的江河淡水带来的营养物质。它们会随着上、下层海水的不断交换，均匀地布满大陆架的每个角落。大陆架区域食物丰富，自然吸引了众多的海洋生物。鱼群更把这里当作乐园一般地繁衍、嬉戏。全球大陆架的总面积为 2700 万平方千米左右，约占全球海洋总面积的 7.6%，但人类从这里捕捞的鱼的数量却占海洋渔业总量的 90% 以上。

大陆架是石油资源的聚集地。风靡全世界的"石油开采竞赛"多半在这里举行。

大陆坡也是鱼儿的家园

大陆架蕴藏着丰富的石油资源，为我们提供了大量的石油能源

深海"棋盘"

越过大陆架，我们沿着大陆坡继续下潜，将进入一望无际的海底。这是海底的主体部分，深度在3000~6000米。这样的深度，就像有人在海底挖了一个"大坑"，如陆地上的盆地一般，忽然下陷。因此，人们把这里叫作"深海盆地"。

深海盆地如同一个大水盆的盆底，只是这个"大水盆"在海岭以及群岛的重重分隔之下，形成了数十个独立的深海盆地。其中每一个"小水盆"都被人简称为"海盆"。

有趣的是，海盆数量与海洋本身的面积大小无关。海盆数量最多的大洋是大西洋，有19个之多。世界第一大洋太平洋的海盆数反而"屈居"第二，为14个。至于印度洋和北冰洋的海盆数量则依次减少，分别为7个和3个。

著名的海盆有拉布拉多海盆、纽芬兰海盆、北极海盆、几内亚海盆等等。那么海盆上面都有些什么东西呢？

海盆虽然像"棋盘"一样，被海岭间隔开来，但从内部看，海盆仍是一片十分开阔的地域。海盆上有大量沉积

▎海盆上的沉积物

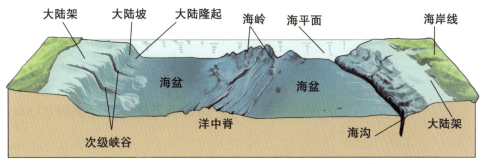

大陆架　大陆坡　大陆隆起　海岭　海平面　海岸线
海盆　　海盆
次级峡谷　洋中脊　海沟　大陆架

海盆示意图

物，包含硅质、钙质软泥，深海黏土等。

　　这些沉积物有的来自陆地，例如陆上的岩石经历风化或被流水侵蚀后形成的碎屑，被风或水流带入海洋的土壤。它们进入海底后，有的保持泥状，有的则变成胶黏土。此外，还有海洋生物腐烂、分解后的遗骸所形成的"深海软泥"。这些泥状物质使得海底沉积物呈现出松软的状态。

海盆是大洋底的主体部分

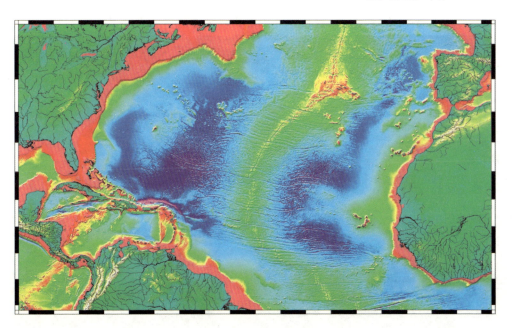

高低之间

海岭又叫海脊，也可以叫作"海底山脉"，是指一系列狭长而绵延的大洋底部高地。海岭通常能高出两侧海底 2~4 千米。

人们把有明显地震活动的海岭称为"活动海岭"，即"大洋中脊"。如果你能深入海下、遨游四大洋的话，你会发现四大洋中存在着彼此连通、蜿蜒不息的海底山脊系统，加起来有 5 万多千米那么长。

不过有趣的是，海底山脉的发现到今天也才 156 年。最早在 1866 年，人们在架设横跨大西洋的海底电缆时曾发现大西洋的水深浅不一，存在中间浅、两面深的现象。到 20 世纪初，德国人在进行海底淘金时，利用声呐设备探测海底，意外发现大西洋底部有一条纵贯南北的海底山脉。此后，人们对于海底山脉的了解才多了起来。

▌从全球海底地貌图中可以看出洋中脊纵贯四大洋且连绵不断

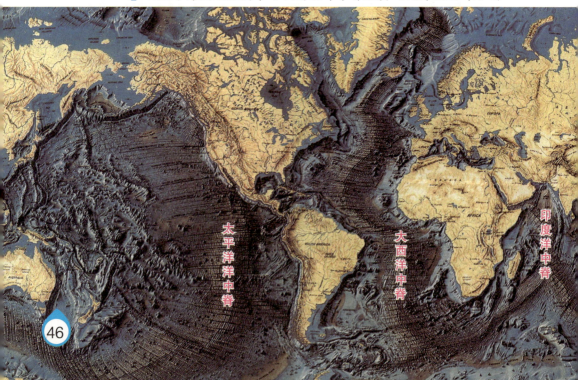

太平洋洋中脊

大西洋中脊

印度洋中脊

大洋中脊会有露出海面的部分，就是我们见到的海上岛屿，比如夏威夷群岛中的某些岛屿的"根基"就是太平洋中脊的一部分。

每个大洋中脊的形状不尽相同，大西洋中脊呈"S"形，印度洋中脊则呈"入"字形。

海沟与海岭相对，是大洋中的"低洼"地带。不过这个"低洼"跟我们想象的不大一样，深度在6000~11000米的海底凹地，才能被叫作海沟。全球洋底共有30条海沟，其中一大半位于太平洋。马里亚纳海沟是地球上最深的海沟，最大水深为11034米，就连珠穆朗玛峰也比不过它。

▌呈"入"字形分布的印度洋中脊

▌马里亚纳海沟

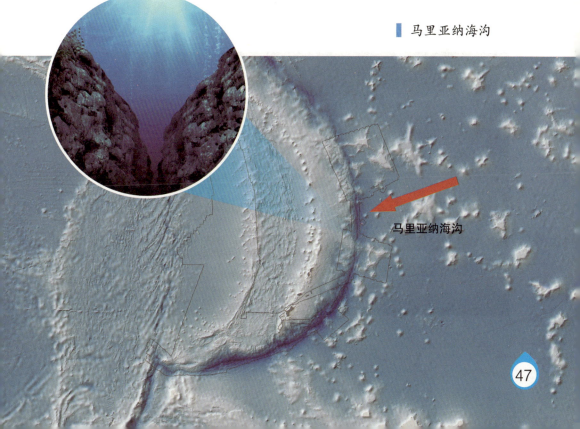

马里亚纳海沟

海底热泉

　　海底热泉是大洋深处的奇观之一。它们是出现于海底的喷泉，只不过它们喷出来的都是热水，而这热水中还混有大量的杂质，如硫铁矿、黄铁矿、铜、硫化物等。当海底热泉的喷发物不断堆积，就形成了一个个管状"烟囱"，有白色的、黑色的，还有黄色的。

　　这种"烟囱"通常是越往下越细，高度在 2~5 米之间。因为是热泉，所以烟囱口的水温极高，可达 350℃。就连附近的海水也跟着"升温"，常年保持 30℃以上的温度——要知道，普通的洋底水温度仅有 4℃左右。

　　更神奇的是，这个高温又充满矿物质的"烟雾"区并不是生命的"禁区"。这里同样是一个生物聚集区，只不过在这里生存的生物和我们常见的海洋生物不太一样。比如通体血红的管状蠕虫，就是一种没有口、没有肛门、没有

▌管状蠕虫

海底黑烟囱

肠道的生物，它们所谓的躯体仅仅是一根"管子"而已。它们靠小小的触手从海水中滤食。

除了"管形"生物，这里还有没眼睛的蟹、肥大的蛤……一个比一个怪异，但又彼此相安无事，组成了一个神秘而和谐的深海"社区"。

海底热泉与地壳活动有关，它们通常出现在地壳扩张或是薄弱的地方，如海岭中的裂谷及海底火山附近。

▌两个碳酸盐烟囱被五颜六色的微生物覆盖，被吃甲烷的微生物渗透

▌加利福尼亚湾海底的一种管状蠕虫群落，与微生物共生存活。这种微生物通常是这种环境中食物链的生产者

海底黑烟囱

在东太平洋的一个长6千米、宽0.5千米的裂谷地带，竟然聚集着十多个热泉喷口。它们每年为海底贡献大量的"热水"和矿物质。这些矿物都是能够被分解利用的，对人类生产具有重要意义。

地球有话说

海洋是一个广袤的大世界，有海底生命区，也有一些氧气含量极低的"死区"。这本是客观的存在，但自20世纪50年代以来，海洋中的"死区"骤增。"死区"是生命的禁区。这是人类活动造成的，全球升温、水温变高、富含氮和磷的营养物质大肆入海等诸多因素叠加起来，使得海洋的含氧量逐步降低。长此以往，海洋生态环境将发生巨变，影响人类生存。

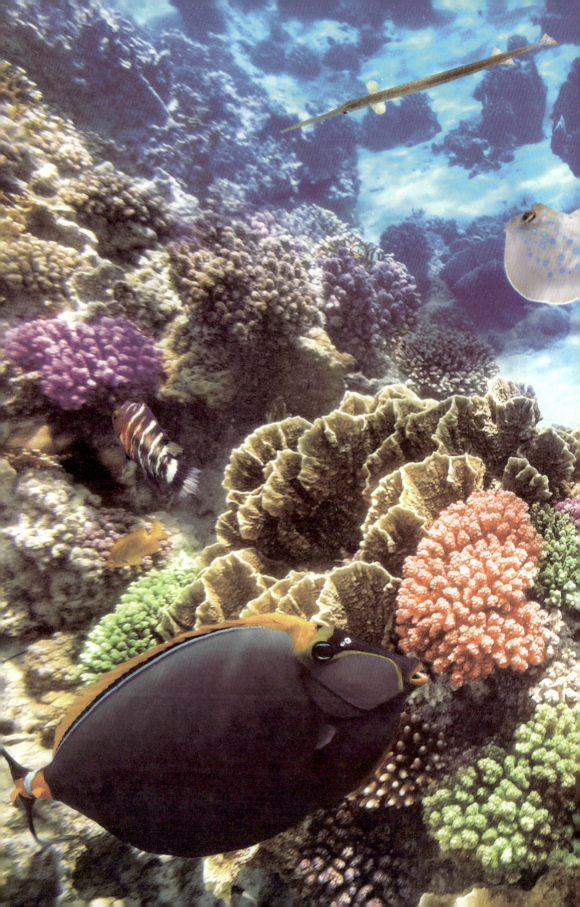

第二章　蓝色的家园

在蔚蓝之下，隐藏着一个广袤无边的王国。那里时刻都在喧闹着，拼搏着，伟大壮丽的生命之歌响彻海洋的每一个角落。

从大的层面上看，海洋生物在各自的"生命区"活动着，通常不会"越雷池一步"；但当我们深入每一个"生命区"后，会发现那里"好戏连台"：有团结一致，有互惠互利，甚至还有生存的"小心机"——不啻人世间的"缩影"。

海底动物

层次井然

　　海洋是地球上所有生命最初的家。这与原始地球的生存环境有关。那时候，陆地上光秃秃的岩石、风雨雷暴、紫外线都是扼杀生命的"刽子手"。但海洋里相对温暖，温度相对稳定，几乎不受风雨、紫外线的影响，所以，这里成了地球上第一批生命的家园。

　　海洋里的生物经过从单细胞生物到多细胞生物的演变后，生命的形式日益多样。到如今，海洋已是地球生物最大的栖息地。单单是被人类记录下来的生物就有20多万种，要是把它们的重量加在一起，足足有325亿吨，而陆地动物的总重量只有海洋动物的1/3而已。

　　海底动物虽然种类多，却不是杂乱无章的，它们有各自固定的"生活区"。从海面到水

海鸥

0~200米深度

海龟

鱿鱼

章鱼

鮟鱇鱼

下 200 米之间属于"阳光海域",这里生活着我们熟悉的鱼类、海豚、水母、海龟、海蛇、海星等等。

从水下 200 米到 1000 米,是一片无光又寒冷的区域,食物匮乏,生存条件恶劣,但也有喜欢生活在暗处的生物在此活动。比如一些乌贼、红虾和鱼类。它们会趁着黑夜,游到潜水层觅食。

水母

鲨鱼

海蛇

蝴蝶鱼

■ 海底动物分层示意图

500~1000 米深度

乌贼

鳐鱼

1000~10000 米深度

海参

抹香鲸

大王乌贼

深海珊瑚

管状蠕虫

55

鮟鱇鱼

水下 1000 米以下，是漆黑一片的深水区，这里终年不见一丝光亮。动物们为了适应这里的环境，通常要练就一身"发光"的本领。比如鮟鱇鱼，它的发光器就是它引诱猎物的"武器"，也是它吸引"配偶"的"法宝"。

环保小·贴士

海洋酸化

当海洋吸收、释放大量的二氧化碳时，海水的酸性就会加强，使海水变得酸化。正常情况下，海水应为弱碱性。当人类向大气中排放了巨量的碳后，这些碳会进入海洋，并改变海洋的酸碱度，引起海洋环境的巨大转变，这对于海洋生态系统来说，无异于"灭顶之灾"。这并不是危言耸听，因为有科学研究认为，2.5 亿多年前的一次生物大灭绝事件就是由海洋酸化引起的。

"无脊椎"家族

　　科学家把背侧没有脊椎的动物称作"无脊椎动物"。对于庞大的海洋大家庭来说，无脊椎动物才是低调的"王族"，因为它们无论从数量上还是种类上来说，都是最大的一个家族。

　　水母是海洋无脊椎动物的代表。它们能浮游，身体呈伞状，主体部分是一个空腔，外面覆盖着伞状的"帽子"。"帽子"的边缘伸出一些须状触手，最长可达 40 米（北极霞水母）。

▎水母

北极霞水母

水母体内有一种很特别的腺体，能够制造一氧化碳。有了充足的一氧化碳，水母便呈现出"膨胀"的状态。当水母遭遇敌害或是遇到海上风暴，会立即"放气"，将自己缩入海底躲避灾害。等风平浪静后，水母又会像没事一样，顶着"膨胀的伞帽"出来活动。

有些水母有漂亮的外表，还会发光，这是因为它们体内有一种特殊的蛋白质，当它和钙离子结合时，就会闪烁出淡绿色或是蓝紫色的光芒。

水母虽然有艳丽的外表、柔弱无骨的身形，但它们是水中的一大"杀手"。它们的武器就是细长的触手，触手上有刺细胞，能射出毒液，足以毒死对手。

海螺、扇贝、牡蛎等动物同样属于海洋无脊椎动物。它们也有自己的特色：柔软的身体外都裹着一层厚厚的壳，

地球有话说

　　海洋酸化对海洋生物来说实在不妙。比如珊瑚虫、软体动物、螃蟹等生物的外壳或骨骼生长都离不开碳酸钙。但当海洋里的酸性物质增多时，碳酸钙就会被海水中活跃的酸性物质"吸引"，从而结合。这样一来，海洋生物所需要的碳酸钙就会供给不足，骨骼、贝壳也就无法形成，甚至还有贝壳被酸化的海水所溶解的现象出现。这对于整个海洋食物链来说，将是一个可怕的开始。

　　而且它们大多都不会游泳。不过它们有自己的办法——贴在海龟壳、船舱外壁上来"畅游"大海。

　　水母外形奇特、艳丽多姿，惹人好奇。但我们千万不要因好奇而碰触它们，小心被蜇呀！

▌美丽的月亮水母

海底"大块头"

蓝鲸

　　地球上最大的动物是生活在海洋里的鲸。要是论起鲸类家族的历史，其中还有一段很特别的"插曲"：它们原本是在海洋中缓慢进化，好不容易才登陆的一种鱼类，在陆地上时，它们像其他陆地动物一样长着四条腿、用肺呼吸，但2.5亿年后，它们又重新进入海洋，并且退去四肢，变成了现在的样子，成为海中巨兽。

　　如果你无法想象鲸长着四条腿的样子，或许你可以到河马身上寻找一些"蛛丝马迹"，因为它们是"亲戚"。

　　鲸家族至今还保留着它们在陆地生活时用肺呼吸的习惯。每当它们要呼吸时，就会上升到水面进行气体交换，我们也会因此而观赏到鲸喷水的壮观场面。

　　鲸的体格硕大，它们的体

印多霍斯兽

■ 鲸换气时喷射的水柱

巴基斯坦古鲸

游走鲸

抹香鲸

座头鲸

虎鲸

白鲸

▌鲸家族

重通常以"吨"为计量单位。至于鲸类中最
大块头的蓝鲸，体长可达 33 米，体重可超过
200 吨。

　　虽然鲸"块头大"，可它们性格大多温
顺，不会轻易攻击其他动物。它们喜欢结伴
生活，特别是洄游的时候，那是多数鲸家族

▌虎鲸进化史

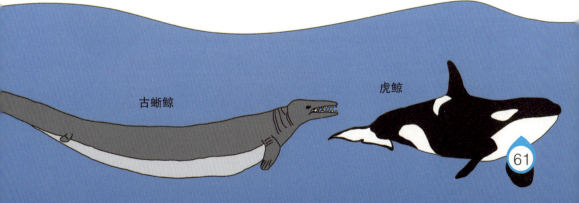

古蜥鲸

虎鲸

61

鲸鱼的骨头

坠落的鲸鱼

当生命从这个世界上消逝时，带来的往往是悲伤和绝望的情绪，因为逝者永不复归。然而，这些并不是死亡的唯一含义，因为死亡有时可能是壮丽而辉煌的，就像发生在深海的鲸鱼坠落一样

聚会的时刻。一场充满"欢声笑语"而又磅礴浩大的洄游演出会在地球南北大洋之间上演，惹人注目。鲸类一生温顺而低调，死亡后也会默默"回馈"大自然，这就是有名的"鲸落"现象。"鲸落"是指鲸鱼死亡后，尸体慢慢沉入海底的现象。据测算，一头鲸的尸体就可以为几十个种类的分解者提供上百年的营养物质，能够大大地促进海底世界的繁荣——这也是"一鲸落万物生"说法的由来。

死亡是每一种生物都必须面对的，但在鲸鱼家族中，搁浅而死却是最痛苦的一种死法。有时候，还会出现大批鲸鱼集体搁浅的惨况，令人痛心疾首。据科学家称，这种惨况的出现与海洋噪声污染有关。不断增大的海洋声音干扰了鲸鱼的导航系统，损害它们的听力，甚至造成死亡事件。而海洋噪声的主要来源便是人类的各项生产、军事探测等活动。

地球有话说

鱼的王国

水中霸主

鱼是一种平平无奇的生物，遍布于江河湖海，但鱼和水中的其他动物如虾、螃蟹、水母等是不一样的。伟大的古希腊学者亚里士多德曾公然宣称："鱼类是生活在水里的、没有脚也不长毛的动物。"这种观念是错误的，他明显是将水里的所有动物都当作鱼来看待了。

可是经过上千年的观察与总结，人们发现问题没那么简单。鱼类有自己的特征，它们是生活在水里，依靠鳃呼吸，靠鳍游泳的脊椎动物。鱼类家族与无脊椎动物"分道扬镳"，成为一个独立的"种族"。

▌鱼的解剖面结构图

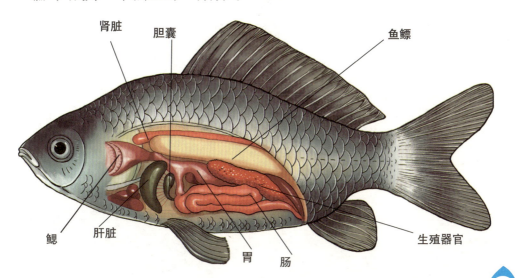

肾脏　胆囊　　　　　鱼鳔

鳃　肝脏　　胃　肠　　生殖器官

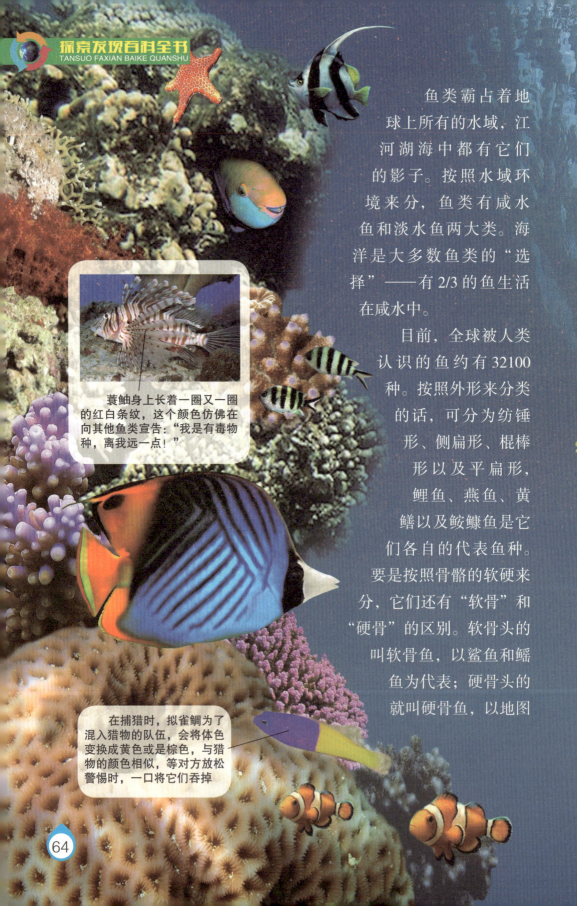

鱼类霸占着地球上所有的水域，江河湖海中都有它们的影子。按照水域环境来分，鱼类有咸水鱼和淡水鱼两大类。海洋是大多数鱼类的"选择"——有2/3的鱼生活在咸水中。

目前，全球被人类认识的鱼约有32100种。按照外形来分类的话，可分为纺锤形、侧扁形、棍棒形以及平扁形，鲤鱼、燕鱼、黄鳝以及鮟鱇鱼是它们各自的代表鱼种。要是按照骨骼的软硬来分，它们还有"软骨"和"硬骨"的区别。软骨头的叫软骨鱼，以鲨鱼和鳐鱼为代表；硬骨头的就叫硬骨鱼，以地图

蓑鲉身上长着一圈又一圈的红白条纹，这个颜色仿佛在向其他鱼类宣告："我是有毒物种，离我远一点！"

在捕猎时，拟雀鲷为了混入猎物的队伍，会将体色变换成黄色或是棕色，与猎物的颜色相似，等对方放松警惕时，一口将它们吞掉

环保小·贴士

怕热的鱼

　　鱼类通常是冷血动物，它们最怕的就是海水异常升温。当海水升温时，鱼会陷入活跃状态，新陈代谢加快，此时它们需要更多的氧气。但海水升温时，通常氧气也会减少，酸性物质反而增多，这无异于戕害鱼类的性命。

鱼、金鱼以及江河中常见的草鱼、鲢鱼为代表。

　　海洋里生活着数以万计的多姿多彩的鱼儿，其实颜色并不是它们"爱美"的标志，而是它们的祖先留给它们的一种重要工具。有了这件绮丽多姿的彩色外衣，鱼儿可以隐蔽、警告、进攻或向异性求爱。

有时候，鲜艳的颜色也是一种无声但又明显的警告

　▍有"侏儒小海马"之称的豆丁海马，没有防御力和进攻力，只能依靠皮肤颜色来保护自己了。它们通常隐藏在珊瑚礁中，并根据珊瑚礁的颜色变换自己的"衣裳"

终生游动

鲨鱼体格较大，体长达到十几米，体重同样以"吨"来计算，它们可是正宗的鱼类。因为体内没有鳔，鲨鱼必须终生游动，才能免遭沉溺海底的命运。

鲸鲨是世界上最大的鱼类。鲸鲨是鲨鱼家族中体型最大的，身长可达 20 米，体重超过 12 吨。虽然"个头"大，但它们脾气不坏，算是"和善"的大家伙，最爱吃的是浮游生物和小型鱼类。至于其他种类鲨鱼的口味，则各有不同。虎鲨爱吃海龟。锤头鲨是贪婪的"馋猫"，鱼类、甲壳类、软体类，来者不拒。

鲨鱼一生中大约能换 3.5 万颗牙齿，每年能长出几千颗新牙。每当前排的旧牙脱落掉，后排的新牙会立马"取而代之"。

锤头鲨

除了口腔，鲨鱼的皮肤上也生有牙齿，不过它们多以鳞片的形式存在，也被叫作盾鳞。这些密布的盾鳞使得鲨鱼皮肤犹如砂纸一样扎人，也为鲨鱼增添了几分恐怖。

鲸鲨

虎鲨

大白鲨是鲨鱼家族中名气最大的一种，它们也是为数不多的"鲨中凶残者"。大白鲨生活在近海表层附近水域，游速很快。大白鲨出动的时候，附近的各种鱼类、海豚、海豹，甚至是动物腐尸都将成为它的猎物。就算人类的船只或是人类本身遇到了大白鲨，也有可能成为它的攻击目标。

大白鲨

不幸的是，在过去 50 年中，鲨鱼的数量已经下降了 71%；更严重的是，有 3/4 的鲨鱼物种陷入灭绝的"关口"。气候变暖、海洋污染、过度捕捞等诸多原因致使鲨鱼种群不断缩小。当鲨鱼彻底消失时，海洋生态平衡必将遭遇一场危机，而我们要做的就是从现在开始整治海洋环境，加强渔业资源管控力度，不再过度捕捞鲨鱼。因为保护鲨鱼，就是保护人类自己。

生存之路

海洋食物链

陆地动植物之间存在着"吃与被吃"的关系，我们称其为食物链。在广阔的水世界，食物链同样存在。只是在海洋中，人们通常将这个过程简化为"大鱼吃小鱼，小鱼吃虾米"。

海洋食物链从植物开始，这个起点里也包含一些微小的有机物质，随后是草食性的动物，最后进入"系统"的是最高层级——肉食性的动物。

▍海洋能量金字塔

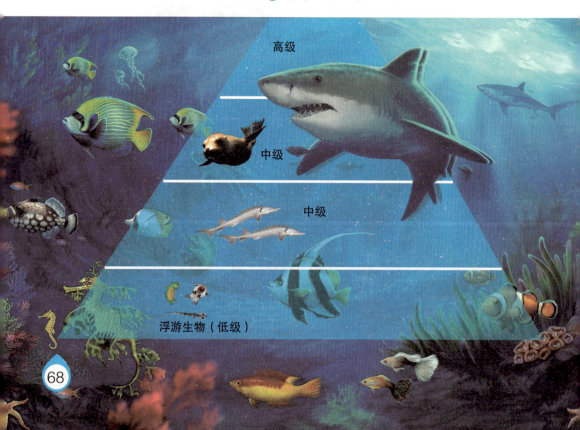

高级

中级

中级

浮游生物（低级）

▍体型大的海洋动物往往处于食物链的顶端

　　这是一个从低级到中级再到高级的能量流动过程。越往下数，数量越大；越往上数，数量越小。在"吃与被吃"的动植物之间构成了一个庞大的、有层级界限的"金字塔"。越是上级的生物，反而需要的能量越多，胃口也就越大。

　　处于食物链最低级的是无法计数的单细胞硅藻类植物。它们是"兢兢业业"的生产者，每天从太阳那里获取能量，随后释放氧

　　海洋是地球上最大的区域，海洋生物链庞杂广大，包含了多个层级的物种。但经过科学的调查研究，在全球升温的背景下，某些海域已有50%的物种消失了。这个数字远超陆地生物的灭绝量。有些鱼类甚至减少了75%。这意味着海洋生物链正在加速断裂，后果不言而喻。

地球有话说

气，为海洋生物的繁衍生息提供最初的营养。接着是微小的浮游动物，然后是各种以浮游动物为食的小鱼。最后才是凶猛的食肉动物，比如金枪鱼、鲨鱼以及一些海洋哺乳动物。最终，这些能量多半会转移到人类身上。在浮游动物之上的各个层级的动物都是"消费者"，从"初级"到"高级"不一而足。

海洋生物链是一个复杂的系统，除了这种从低级到高级的能量转移形式，还有一种"逆向"转移。当高级的食肉动物死亡后，它们的尸体会成为低级猎食者的食物来源，直到被一点点分解为微生物，然后进入食腐生物的腹中，随后开始新的能量循环。

顶层食鱼鱼类

底层食鱼鱼类

食浮游动物的鱼类

小鱼小虾

浮游动植物

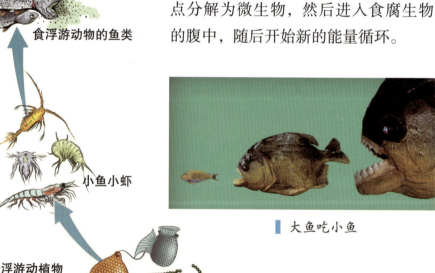

▌大鱼吃小鱼

▌海洋食物链就是典型的"大鱼吃小鱼，小鱼吃虾米"

集群生活

生存并不是一件容易的事，为了生存，动物们进化出多种多样的生存"技能"。集群是一种不错的选择，让众多动物得到"安全感"。海洋动物对"群居"的好处深有体会。

海洋动物集群的原因很多，产卵、养育后代、迁徙或是分享美味，都是它们聚集在一起的理由。每到秋季，数百万只魔鬼鱼（蝠鲼）会不约而同地聚集到比较温暖的浅海区，集体繁衍，产下幼崽后又要返回原来的海区。无独有偶，美洲鲎在繁殖季节也会过上一阵子"集群"生活，一旦繁殖结束，它们立刻"作鸟兽散"。

美洲鲎繁殖不需要走太远，但鲑鱼的"繁殖之路"则要艰险得多。鲑鱼有着"洄

▌群体出动的蝠鲼，如同一只只展翅飞翔的巨大蝙蝠

游"习性，它们出生在江河，长大后它们成群结队地逆流而上，穿越大海，奋力"攀登"，一路不眠不休，直到返回淡水河，才能放心地产卵。随后，它们会因为体力耗尽而死去。这实在是一场悲壮的"生命交接"之旅。

但沙丁鱼家族团结起来是为了御敌。因为沙丁鱼体型通常娇小，又没有"武器"可以与强大的猎食者抗衡，为了提高家族的生存率，它们只能以"抱团"的

洄游中的大西洋鲑鱼

环保小贴士

珊瑚礁保护者

最近的一项研究发现，以西印度洋马尔代夫附近珊瑚礁岛为家的海鸟正在"承担"起义务修复珊瑚礁的责任。虽然海鸟不能直接拯救珊瑚礁白化现象，但它们的排泄物却是附近无脊椎动物和鱼类的营养品。这些营养素会在生物间展开循环，最终传递到珊瑚虫身上，促进健康而庞大的珊瑚礁系统的形成。所以，我们保护海鸟的意义又增添了一层。

方式壮大自已。数不清的沙丁鱼组合在一起，以整齐划一的动作，变换着队形，这会使猎食者头晕眼花，把眼前的巨大"鱼球"当成了不得的"大怪物"，从而不敢贸然袭击，只能捡一些掉队的"老弱病残"的鱼下口。这样的策略保证了沙丁鱼家族最强壮的个体能够平安生存并繁衍下去。

但恰恰这种鱼类集群繁衍或自保的本能，成了人类眼中的大规模捕猎的"良机"。

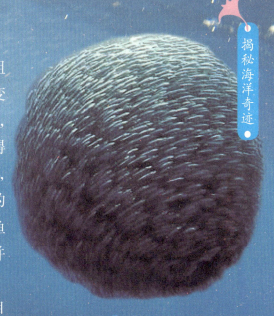

沙丁鱼球

狩猎沙丁鱼的旗鱼

颜色是一种工具

　　对于那些多姿多彩的鱼类来说，颜色并不是它们"爱美"的标志，而是它们的祖先留给它们的一种重要工具。有了这份绮丽多姿的彩色外衣，鱼儿可以隐蔽、可以警告、可以进攻或向异性求爱。

　　豆丁海马是海马家族中体型非常娇小的一类，身长仅有1厘米左右，有人戏称它们是"侏儒小海马"。豆丁海马实在太弱小了，既没有防御力也没有进攻力，它们只能依靠皮肤颜色来保护自己。它们通常隐藏在珊瑚礁中，并根据珊瑚礁的颜色变换自己的"衣裳"。有时候，它们是红色的，与红色珊瑚礁融为一体；有时候它们又变成黄色，隐蔽在黄色珊瑚礁中。

▎豆丁海马

在雀鲷家族中，有一个极为狡猾的种类——拟雀鲷。它们在捕猎时，为了混入猎物的队伍，竟然会将体色变换成黄色或是棕色。这样一来，它们与猎物的颜色相似，等对方放松警惕时，一口将它们吞掉，实在是防不胜防。

有时候，鲜艳的颜色也是一种无声但又明显的警告。蓑鲉身上长着一圈又一圈的红白条纹。这个颜色仿佛在向其他鱼类宣告："我是有毒物种，离我远一点！"

更有趣的是，有些鱼类能将这条策略"活学活用"，让自己身上也长出花里胡哨的颜色，其实它们根本没毒，只是为了吓唬敌人罢了。

海洋中"披着羊皮的狼"——拟雀鲷

性别可转换

在鱼类世界中，转换性别并不是什么稀奇事，也没什么难度。鱼类世界有几百种能转换性别的鱼，原因却只有一个——适应环境、繁殖后代。

苏眉鱼是一种雌雄同体的鱼。初生时，苏眉鱼是雌性，但进入5岁后，它们中的一部分就会发生变化：停止分泌雌性激素，转而分泌雄性激素。这会使得这部分苏眉鱼的额头隆起，变得鼓鼓的。接下来，这些雄性苏眉鱼就要为繁衍下一代做打算了。

苏眉鱼是从雌性变为雄性，小丑鱼跟它恰好相反。小丑鱼和海葵是一对"密友"，它们相伴相生。小丑鱼群通常由一只居于统治地位的雌性小丑鱼和几个成年雄性组成。当雌性死亡，雄性中最强壮的那一只将会迅速转变成雌性，成为群体中的新任统领，承担起繁衍后代的重任。

雄性转变为雌性不是小丑鱼家族的"专利"，海鳗家族

雌雄同体的苏眉鱼因其眼睛后方两道状如眉毛的条纹而得名，它是世界上最大、寿命最长（超30岁）的珊瑚鱼类

也能做到，并且，每一条海鳗在它的一生中都会来一次"变性"行为。那些转变后的海鳗将在余生中一直保持雌性的角色。海鳗家族中也有如斑马海鳗、龙纹鳗等群体，能从雌性变为雄性。

还有一种喜欢住在海螺壳里的鱼类夫妻，叫作亚鲋。它们雌雄同体，每天都可以和伴侣互换性别，实在是不可思议。

一条小丑鱼可以在其一生中改变两次性别

对于爬行动物而言，温度是决定新生儿性别的重要因素。当温度突然升高时，某些龟或是蜥蜴可能会演化出同一种性别。物种的性别失衡，则意味着灭绝。有些人猜测，远古恐龙灭绝也许和气候变化导致的性别失衡有关。温度升高，促使恐龙蛋孵化出单一性别的小恐龙，这不利于恐龙家族的繁衍。再加上外界的突然打击，整个族群便在地球上消失。

地球有话说

海天之间

海空卫士

当我们说到海洋动物时，通常会从海底选出很多代表动物，可你别忘了海天之间也不是寂寞之地，那里是海鸟家族的"舞台"。

人们把林林总总的海鸟分成两大类别，大洋性海鸟和海岸性海鸟。大洋性海鸟喜爱漂泊，逐浪而生，与海为伴，只有在繁殖期才会着陆，比如信天翁，它们甚至几年都不着陆一次。海岸性海鸟眷恋陆地，只把海洋当作它们的"觅食"场所；到了晚上，海鸥或是军舰鸟会呼朋引伴地回归陆地家园，相约而眠。

虽然海鸟擅长海上翱翔，但海岛是它们永远的家，特别是当它们繁衍后代时。繁衍季节一到，海鸟们就会成群结队地来到陆地，各自寻找一块海边土地，在上面建巢。

海鸥是人们最熟悉的海鸟之一，被称为"海港清洁工"，海边、海港处都能见到它们飞翔的身姿

▎信天翁是大洋性海鸟的代表，号称"世界飞鸟之王"。"逆风起飞"是信天翁的拿手好戏：一段助跑过后，向着悬崖边冲锋，随后振翅高飞，姿势潇洒而有力

海上强盗——军舰鸟，虽然能在海空飞行，却不敢下水，因为它们不会游泳

雄鸟的喉囊一到繁殖时期就会呈现出鲜艳的红色并且鼓起，以此来吸引雌性军舰鸟的注意。此外，喉囊还可以帮助它们储存食物

海岛就像一个食品储藏库，为新生的海鸟宝宝提供稳定的食物来源。

"螳螂捕蝉，黄雀在后"。海鸟大量聚集时，大批捕猎者也闻讯而来。比如狐狸或贼鸥等猛禽就专挑鸟蛋或是幼鸟"下手"。为了躲避捕猎者，海鸟们想到一个办法：把巢建在悬崖峭壁上。那时候，我们就会看到成百上千只海鸟"扎堆"在峭壁之上的景观了。等到繁殖季节一过，幼鸟学会飞翔，所有的海鸟又会"呼啦"一下全部撤离，连"家"也不要了。

海鹦不仅能在天上飞，也能在水里飞。30米、60米甚至200米以下水域，它们毫不惧怕，直到叼着满口的小鱼才心满意足地重出海面

▎海鹦看起来就像一个上了妆的"小丑"，它通常在悬崖上筑巢

海带丝

海藻丛林

海中"绿地"

在海底摇曳生姿的海藻通常被当作简单的植物。它们和常见的陆地植物有很大的不同，看不出根、茎、叶的区别，不开花、不结果，更没有种子，整个身躯几乎就是一大片"叶子"。

海藻虽然长在水下，但它们仍然"向往"阳光。所以，它们会把"家"安在浅海岩石上，并以此为根基，努力向上，尽可能地接近水面，以获取更多的光照资源。它们蓬勃地聚在一起就形成了一片"海中森林"。它们虽然没有树木坚硬挺拔的身姿，但它们同样有"向上"的品格，再加上它们不断"蹿高"的急性子——每天能长50厘米，所以，要想见到几十米甚至几百米高的海藻也不是什么难事。

　　海中有"森林"，自然也少不了"牧场"——是海草的杰作！别看小草在陆地上是一种不起眼的简单植物，但海草却是海洋中的"高级"植物。因为它们有根、茎、叶、花等部分，可谓"五脏俱全"。海草能在海水中生存，这本身就不是一件平凡的事。

褐藻

红藻

　　海藻林或是海草密集的地方是天然的生物"乐园"。小灰鲸会钻入海藻林中躲避虎鲸的剿杀；海狮、海豹则到此处"捕猎"；海螺、海马、海龟、海牛等一众动物会"携家带口"地赶到这些地方"放牧"，找点吃的或是把这里当作休憩之所。

环保小·贴士

"蓝碳先锋"

　　人们把绿色植物所吸收的碳叫作"绿碳"，把海洋生物所吸收的碳称为"蓝碳"。而海藻、海草床以及滨海盐沼地带则是当之无愧的三大"蓝碳先锋"。它们像陆地植物一样，以光合作用的方式吸收大量的碳，并能将它们长久地保存在海里。此外，这些植物在海中飘摇，还能减缓水流，使那些颗粒碳逐渐沉积到海底，固定下来，以此减少大气中的碳量。

海岸卫士

植物若想在海水里生存，至少得不怕盐，红树便是这其中的佼佼者。大片的红树聚集在海边，形成一片绿油油的"海上森林"，默默地保卫着脆弱的海岸地带。

如果你见过海岸边或是河口淤泥滩附近的红树林的话，你可能会有一个疑问：这明明是绿树林啊？为什么叫"红"树林呢？这是因为红树植物中含有一种叫作"单宁"的物质。当树皮被剥开并暴露在空气中的时候，它很快会氧化显出红色。

说起红树类植物，它们还有各自的名字，比如海榄雌、角果木、桐花树、秋茄，名字全都与"红"无关，但都是红树类植物。

红树身上的怪事不止于此。它们还是"胎生"植物呢。成熟的红树孕育出种子后，会"顺便"将它们抚育成小苗，再将它们"抛"入大自然。更神奇的是，这些小苗落地就

红树十分坚韧，不畏盐碱沼泽环境

开始"生根"。原因很简单：环境恶劣，红树必须想尽办法生存——不然它们很容易被流水冲走。

红树林是海岸生态系统的重要一环，鱼、虾、贝类、微生物乃至鸟类都能在此找到自己的位置和生存方式，"飞鸟与鱼"的故事每天都在上演着。此外，红树林还有防风消浪、保护堤岸以及净化海水的重要作用，是构筑沿岸防护林体系的第一道防线。

▌红树还有"抗盐"妙招——体内生有分泌腺体，能将吸收不了的盐分通过叶片排出。叶片上的小结晶就是它们排出的盐粒

在咸水环境中大力培育红树林，是一种既经济又环保的选择。培育红树林的成本远低于修建防洪大堤，而它在减缓风暴潮冲击、抵御沿海洪灾方面却有极好的效果。其次，红树林能净化水质，还能保护近海岸海洋生态系统。更值得一提的是，红树林具有极强的"固碳能力"，甚至比热带雨林的固碳效率还要高出几倍。

地球有话说

第三章　探索海洋

植根于祖先体内的"冒险基因"是古人探索海洋的第一驱动力。

一代代"勇敢者"以身家性命为"赌注",孤注一掷,为后来人摸索、积累了越来越多的海洋知识及各项技术,这才有了后人"劈波斩浪"向海洋的"资本"。现代人的一切探索都是"站在巨人的肩膀上"展开的,我们要永远铭记先辈的伟大功绩。

到海外去

浪漫想象

人类祖先并不知道自己来自海洋，反而把海洋当作一个陌生的、可怕的、新奇的事物来看待，总想探索一下那片广袤而未知的世界。

不断地探索，再加上浪漫的想象，海洋神话诞生了。神话流传至今，我们能从中一窥祖先对于海洋的朦胧认识，追寻海洋文明与文化的发展足迹。

提到海洋神话，绕不过希腊神话。在古希腊人的想象中，海洋由一位叫作波塞冬的神掌管着。他是众神之王宙斯的哥哥。

波塞冬对大海有莫大的权利。如果他心情好，会驾着战车在海上奔驰，海面用平静的浪花以及腾跃的海豚迎接

▎希腊神话中的海洋之神波塞冬

他的"检阅";如果他心情不好，大海也跟着恐怖起来，海怪频出、巨浪咆哮，风暴、海啸相继袭来，大有天崩地裂之势。为了求得海上安宁，水手以及渔民为他建造海神庙，表达他们对波塞冬的敬仰之情，祈求得到他的庇护。

在中国东南沿海一带，同样有一位名气很大的海神——妈祖娘娘。妈祖本名林默，是

位于湄洲岛的中国海洋女神妈祖雕像

个水性极好的姑娘，经常救助海上遇难者。不幸的是，她在一次救人的过程中溺水而亡。林默死后化身为神，常常在海难事故现场"显灵"，救助遇难者。人们为表达对她的感谢，敬称她为"妈祖娘娘"。

在其他国家，类似的神话还有很多，但主题不外乎对海洋的畏惧、崇拜与向往之情。它们同样是海洋文明的重要组成部分，为后人探索海洋起到了极大的鼓舞作用。

向海而生

如果西方文明的源头是古希腊文明，那么爱琴文明则是希腊文明的"先声"。这里地处"欧、亚、非"三洲的十字路口上，时刻都洋溢着商业与文化发展的生机。在热烈的商业氛围中，爱琴文明——一个从海洋中诞生的文明冉冉升起。

长久以来，爱琴文明曾被西方人当作一种笑谈。他们认为大诗人荷马为了给自己的史诗增加趣味性，虚构了迈锡尼和特洛伊等城市，从而否认爱琴文明的存在。

但世界总是不乏爱"较真"的人，这个人就是德国考古学家海因里希·谢里曼。他是荷马史诗的狂热爱好者，坚信世间存在过迈锡尼和特洛伊等城市。功夫不负有心人！经过不断的实地考察，谢里曼终于

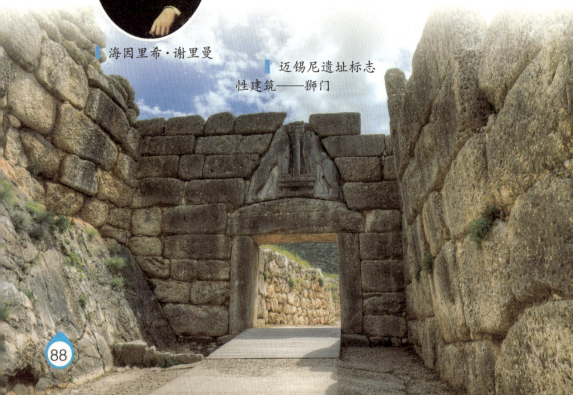

■海因里希·谢里曼

■迈锡尼遗址标志
性建筑——狮门

■ 克诺索斯是克里特岛上的一座米诺斯文明遗迹,在皇后寝宫大厅有一幅著名的海豚壁画

把特洛伊城和迈锡尼城从历史的风尘中发掘出来,从而揭开了爱琴文明的面纱。

通过谢里曼的描绘,我们可以知道五千年前的爱琴海居民依海为生,擅长航海、造船,具有发达的商业。整个爱琴海沿岸进行着广泛的商业往来、物品交换以及艺术交流。从装饰艺术来看,海洋对他们的影响极深,到处能见到与海洋有关的装饰图案。而爱琴海沿岸打捞沉船的消息屡见不鲜,也是暗示了当地人与海的不解之缘。

■ 海因里希·谢里曼发掘的"阿伽门农黄金面具"

海上勇士

在人类世界中，流传着很多异域传说，其中就有关于海洋的。传说有一群人，他们以海为家，整日出没于惊涛骇浪之中，凭借高超的航海技术获取生存的资本。他们最擅长的是用舟船在海上"画线"，形成一幅幅神秘的航海图。他们谙熟航海图上的每一个秘密，消息灵通，知道哪里有最便宜的商品，还能为这些商品找到出价最高的买家，然后赚取差价。这是老天对这群冒险勇士的奖励。

主要以埃及为基地的伍麦叶王朝舰队

公元前，阿拉伯航海家们就已经探索出制作帆船的技艺，还掌握了印度洋季风的风向规律，能够轻松完成从红

马赛克壁画上的阿拉伯船只

地球有话说

人类探索海洋，昭示着人类的智慧与勇敢，洋溢着探索的激情，但无节制的人类活动给海洋带来了极大的负担。以地中海为例，它是人类文明的摇篮，见证了无数海上奇迹，可如今的地中海，早已因人口密集、贸易繁盛以及航运的频繁而"不堪重负"了。有生态学者告诫人类，在地中海上，每千米海底就残留有1900多种垃圾，所有的鱼类和海产品都遭受了污染——这全是人类埋下的祸根。

海到印度西海岸的航程。

随着阿拉伯人的海外扩张，阿拉伯人创建了最早的海上舰队，并在一系列海战中所向披靡。7世纪后，阿拉伯帝国建立起来，阿拉伯人的航海范围扩张到整个南洋、东非、西非以及地中海沿岸甚至中国南海一带。

阿拉伯人精通商业，贸易遍及海外诸国。东南亚、南亚、西南欧、北欧都能看到阿拉伯人忙碌的身影，而他们的交通工具多半是海船。

阿拉伯人擅长航海，为世界航海业做出了不可磨灭的贡献，指南针、测量方位的等高仪、测量太阳和星体高度的量角仪、内容丰富的航海图等设备和技术都在阿拉伯人的手中得到进一步发展。他们为后来的郑和、达·伽马等人的航海事业奠定了重要基础。

■ 阿拉伯等高仪

风浪里前行

发现好望角

15~17 世纪是人类历史上波澜壮阔的三百年，地球开始成为一体。这是一个地理大发现的时代，也是一个大航海的时代。大航海时代的先驱是一个叫巴尔托洛梅乌·谬·迪亚士的葡萄牙人。

在迪亚士出海之前，整个欧洲都处于一种狂热之中，各个国家都在暗中较劲，想要最先找到通往富庶东方的新航路。很多人猜测沿着非洲西海岸走，或许能有新出路，可是很多人都失败了，人们甚至没有弄清非洲最南端到底在哪。

1487 年，经验丰富的迪亚士带着由 3 条船和船员组成的探险队出发了，目标是沿着非洲西海岸南下，寻找通往印度的新航路。

迪亚士一路向南，越过了赤道，又穿过了南纬 22° 线、南纬 33° 线，到 1488 年 2 月，迪亚士发现了一个深入大海很远的岬角，在那里他的船队遭遇了一场大风暴。迪亚士明白，那个"风暴角"

航海家迪亚士像

1488 年，迪亚士的船队穿过"风暴角"

就是非洲大陆的最南端。绕过"风暴角"后，迪亚士想带着船队继续向东北航行，那是他坚信能到达印度的方向。可惜船舶损伤严重，船员们也早已失去斗志，急于返航，无奈之下，迪亚士只得返回葡萄牙。

虽然迪亚士没有实现预定的目标，但他打开了大西洋和印度洋之间的海上通道。而那个"风暴角"也被改名为"好望角"，以此纪念它给葡萄牙人带来的美好期望。至于到达印度的愿望，只能等待另一位航海家来完成了。

到达印度

发现好望角后的第 10 年，迪亚士遇到了另一位热衷航海的冒险家达·伽马。他是新任印度洋远征舰队的舰长。迪亚士把自己发现好望角的经历和经验传授给达·伽马，还亲自护送了达·伽马的舰队一程。

在迪亚士的叮咛和祝福中，欧洲人再次寻找印度的征程开始了，那一天是 1497 年 7 月 8 日。达·伽马乖乖地按照迪亚士的指示，一路驶向好望角。11 月 22 日，达·伽马的船队绕过好望角，驶入西印度洋。至此，船队沿着莫桑比克海峡向北，到达非洲中部的赞比西河口一带时，船头再次转向东方。在西南季风的吹送下，达·伽马船队开始了未知而又充满希望的航程。

可事情没有那么顺利。征途上，他们曾在东非港口蒙巴萨遭遇当地土著的攻击，狼狈逃走。直到他们到达马林迪才交上好运，他们在那里结交了一位阿拉伯导航员。在阿拉伯导航员的带领下，他们终于穿越印度洋，于 1498 年 5 月 20 日在印度港口城市卡利卡特登陆。

达·伽马像

这是西欧人第一次穿越海洋踏上印度土地，这一天注定被载入史册。印度洋乃至印度都不再神秘，绕道好望角直达印度的新航路终于成功开辟。第二年，达·伽马返航里斯本，获得了意料之中的、来自国王的最高奖赏。达·伽马成为当之无愧的"印度洋上的海军上将"。

达·伽马抵达印度

好望角的名字寓意"吉利"，但这并不能掩盖此处暴风雨频繁、海浪凶猛的真相。这里受西风急流的影响，经常掀起滔天巨浪：有时是可怕的"杀人浪"，高可达20米。当它与"旋转浪"相遇时，二者互为动力，几乎要掀翻整个洋面。在达·伽马的时代，只有那些"疯狂"的航海家才能冲过此处。

地球有话说

登陆美洲

葡萄牙人在大西洋与印度洋上的"热血征程"激起了欧洲人的"航海梦"。意大利人克里斯托弗·哥伦布决心完成自己的航海之旅。他的目的地除了印度还有"遍地黄金"的中国——那是他在《马可·波罗游记》中早就了解到的情况。

1492年，哥伦布的"航海计划"终于打动了西班牙女王伊莎贝拉。她将3艘船和百万金币交到哥伦布的手上，让他带着西班牙女王致印度君主和中国皇帝的国书向东方航行。8月，哥伦布的远征队从西班牙巴罗斯港扬帆起航，向正西方向驶去。经过两个多月的航行，哥伦布的船队终于发现了陆地，先是中美洲的巴哈马群岛，接着是海地。

▌1492年，哥伦布的远航舰队的旗舰——"圣玛丽亚"号

虽然他们遭遇了美洲土著的"集体围观"，但哥伦布等人欣喜若狂，他们以为自己所到达的便是梦寐以求的东方印度海岸。

哥伦布管这群土著叫印第安人，与他们进行物品交换，还在海地建立了一些据点。哥伦布留下一部分人驻扎据点后，便起程返回西班牙。哥伦布的冒险行动在西班牙引起轰动，他本人也成了女王的座上宾。

此后，功成名就的哥伦布陶醉于西欧与美洲之间的海上航线，多次往返。但最终，他在贫病交加中辞世。不过直到死亡，哥伦布依然坚信他到达的地方就是印度或者中国。至于西方人对美洲大陆的开发以及殖民狂潮，才不是他所关心的。

▍圣萨尔瓦多岛是克里斯托弗·哥伦布登上的美洲第一块陆地。他们高举西班牙王国的旗帜，在岛上举行了占领仪式，宣布这里归西班牙所有

环球航行

哥伦布曾提到"环球航行"的计划，不过被很多人当作笑谈而未能实现。但葡萄牙探险家麦哲伦却对此饶有兴趣，他坚信地球是圆的，"环球航行"是可以实现的。

1519 年 9 月，麦哲伦在西班牙王室的支持下率船队起航。这是一支由 5 艘舰船组成的探险船队。他们打算横渡大西洋，进而到达印度和中国。

虽然麦哲伦胸有成竹，但他的旅程可谓诸事不顺。船长及船员的反叛、船队内讧、暴乱，接连不断。幸好麦哲伦经验丰富，很快平定了暴乱。但这次混战中，一艘船触礁沉没，一艘溜之大吉，只剩 3 艘船继续接下来的航行。

12 月，麦哲伦船队穿越一条风急浪高的海峡后，终于进入一片广袤而平静的海域。这里的平静使得麦哲伦毫不犹豫地为它取名"太平洋"。至于那条海峡，则被命名为"麦哲伦海峡"。

接下来，新的危机上演——食物短缺、淡水匮乏、疾病猖獗，船员们只得以老鼠充饥，但仍填不饱肚子。陷入绝望的人们变得惶惶不可终日。1521 年，船队终于见到了一丝曙光，他们看到了陆地——菲律宾！这是麦哲伦曾经来过的地方。至此，麦哲伦终于用行动验证了

▎费尔南多·麦哲伦像

自己的观点：地球是圆的！他向同伴们欢呼大叫："我们是第一个完成环球航行的船队。"

可没多久，在一次与当地土著的争斗中，麦哲伦惨遭刺杀。因此，麦哲伦并没有亲自完成最后的旅程。但不管怎样，这段历时3年又27天的旅程向世人宣告，地球的海洋不是相互隔绝的，它们是统一的水域，地球上的陆地也可以由此连为一体。

▌麦哲伦的船队历时3年，完成了环球航行

自打人类实现环球航行以来，各式新型船舶穿梭于世界的每一片海域，由此引发的船舶污染问题也日益严重。一艘船从起航到停泊港口，全程都在向海洋"倾泻"各类污染物，污水、垃圾、粉尘、化学物品及废气等等，不一而足。这些物质不经处理随意排入海洋，对海洋生态环境造成潜移默化的破坏。所以，人们要好好想想如何处理船舶垃圾问题。

地球有话说

中国航海

从传说到"海上丝路"

中国人与海洋的渊源同样能在神话故事中窥见。最为人所熟知的便是"精卫填海"的故事。一个不畏强权的小女孩似乎象征了整个中华民族对于海洋的最早认识与态度：它有吞噬生命的威力，但我们不会屈服。

接下来，中国人与海洋的故事屡见不鲜，比如汉朝史学大家司马迁提到的"徐福东渡"的故事，以及在国外考古学界盛行一时的"殷人东渡"的故事。

故事中的航海经历多半掺杂着传说色彩。可在秦汉之际，我们已经有实实在在的航海实践，这便是伟大的"海上丝绸之路"。

汉代陆上丝绸之路闻名海内外，住在海边的渔民们不甘落后，他们凭借智慧和勇气，终于探索出一条海上丝绸之路，这使得当时的人乘着船便能周游列国了。船队从广东徐闻、广西合浦出发，穿越南海；渐渐地，眼前风光开始转变为

海上丝路萌芽于商周，发展于春秋战国，形成于秦汉，兴于唐宋

异域风情，印度半岛以及锡兰（今斯里兰卡）便近在眼前了。

闻风而动的当地客商早已等候在码头，他们在等待远道而来的中国人，也在等待一批"紧俏货"——只有中国工匠才能打造出的精美丝织品和瓷器。对于精明的商人来说，把中国特产卖给南亚诸国，丝路之行只完成了一半，他们还要在当地采购大量的香料和染料带回中国。

当中国船队起航后，另一支船队也将扬帆起航。他们是印度商人，要把刚刚接手的丝绸转卖到希腊、罗马等地。这一趟沟通亚、非、欧三大洲的海上丝路之行至此才算彻底完结。

唐代时，海上丝绸之路迎来新的辉煌。勇敢的中国水手将这条海上航线拓展至波斯湾沿岸各国，使之成为当时世界上最长的远

▌ 海上丝绸之路是一条经常被遗忘但至关重要的亚欧之间的贸易纽带

洋航线。那时候，有人擅长南海航线，有人擅长北方航线，乘船去日本、朝鲜乃至堪察加半岛（今属俄罗斯）都不是什么难事。

直至今日，海上丝绸之路仍然是中国对外开放的重要线路，有着不可替代的作用。

郑和下西洋

中国人出海远航的高潮出现于明朝，这其中的代表事件便是被后人津津乐道的"郑和下西洋"。

1405年至1433年的28年间，郑和统领的中国船队7次出访印度洋诸国，创造了中国及世界航海史上的一大奇迹。

南京是郑和"宝船"的建造地，但这里并不是真正的起锚地。"宝船"造好后，郑和船队要将船开到福州太平港。在那里，郑和与水手们静候季风的信号。北风一起，开船的号角便悠然响起。空前绝后的"大航海"行动由此开启。

南下，又转西，"劈波斩浪"的浩荡船队如一座海上堡

▌《郑和航海图》（局部）是世界上现存最早的航海图集，它是在前人航海经验的基础上，以郑和船队的远航实践为依据，经过整理加工而绘制的。它是郑和下西洋的伟大航海成就之一

垒，威武雄壮地出现在印度洋洋面上。此时，郑和开始展现他外交家的魅力，将中华文化传扬至爪哇、苏门答腊、占城（今越南南部）、暹罗（今泰国）等国，就连远在红海、东非等地的人们也能感受到中华文化的魅力。

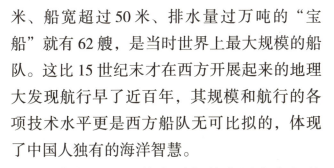

郑和与船队

郑和下西洋的船队浩浩荡荡，大小船只达200余艘，船员将近3万名，其中船长超过100米、船宽超过50米、排水量过万吨的"宝船"就有62艘，是当时世界上最大规模的船队。这比15世纪末才在西方开展起来的地理大发现航行早了近百年，其规模和航行的各项技术水平更是西方船队无可比拟的，体现了中国人独有的海洋智慧。

可惜的是，虽然那时候的中国有高超的造船技术、丰富的航海经验和航海知识，也打通了西太平洋与印度洋之间的航线，为世界航海史掀开了新的篇章，但我们仍与"地理大发现"失之交臂，其中的缘由及后续影响是值得我们深思的。

漂洋过海

舟船小史

没有船的年代，跨越江河是天大的难题。但困难反而激发了人类的才智，各式船只轮番登场，一部舟船史也由此形成。

大河拦路，"欲济无舟楫"，先人们急得抓耳挠腮。但那些冷静而细心的人却独辟蹊径：你看那落叶，在水面漂浮还能顺流而下，用树干试试会怎么样呢？人们由树叶想到树干，便将粗大的树干掏空后推入水中，果然没有下沉。就算是人坐进去，也没什么大碍，最简单的独木舟便问世了。中国是最早制造出独木舟的国家之一，目前出土的最早的独木舟便是8000年前浙江一带的渔民制造的。

控制独木舟并不容易，于是人类又开始动脑筋，这次他们发明了木船，又渐渐给它添上桨、帆等设备。帆船出现后，人类借助大自然的力量使船行得更快，开启了"江河湖海任我

■ 在《周易·系辞下》中有"刳木为舟，剡木为楫"的记载。距今8000年的跨湖桥遗址出土的独木舟，是目前我国发现的最古老的舟船

■ 罗伯特·富尔顿和他的蒸汽机船"克莱蒙特"号

行"的逍遥时代。

进入19世纪后，人类发明了一种全新的方式来驱动船，并让它走得更快、更远，这便是蒸汽机船。1807年8月18日，美国人罗伯特·富尔顿制造的蒸汽机船"克莱蒙特"号在纽约港下水，沿着哈得孙河进行了历史性的航行。有了蒸汽机船，伴随人类进行"地理大发现"的帆船黯然退场。

一场船舶领域的"发明竞赛"热火朝天地展开了，并一直延续至今。各种新奇的、精密的、豪华的轮船相继登场。进入20世纪，潜艇、航空母舰问世，这是目前人类制造舰船的最高水准。至于舟船的未来，则要拭目以待了。

不断下潜

人类驾船在水面航行的同时，有一部分冒险家勇敢地潜入水下，与海洋展开了最早的"亲密接触"。

最初的"潜水家"是一群赤身裸体的家伙。他们脱光衣服跃入水中，畅游一番后便马上钻出水面，因为他们需要休息以及换气才能不被淹死。这是最早的"裸潜"，潜水时间、潜水深度都是有限的。

为了延长潜水时间，人们利用管子来"连通"人的嘴巴与空气，进而实现在水下呼吸的目的。公元前5世纪，古希腊潜水代表西斯里斯就曾用过这个办法。他咬着一根芦苇管潜入水下，游到波斯战船底部，然后实施破坏行动。

关于古人的"潜水"事迹，最有名的要数亚历山大大帝。传说他曾在公元前4世纪时，乘坐潜水钟下海，可算作人类"潜水艇首秀"了。

可这些都不是完美的办法，要是水深了，"呼吸管"就失去作用了，人体也要面临巨大水压的威胁。人们还得另想办法。

后来，人们开始在服装上动脑筋，终于有了突破——发明了潜水服。最初的潜水服很笨重：全套防

传说中，亚历山大大帝在水下"潜水艇"中赏鱼

水衣加上厚重的金属头盔和潜水靴子；头盔内部有一根橡胶管与船舱相连，它也是潜水员的"供氧"设备。这一套"钢铁盔甲"虽然是一大突破，但想要穿着它探索海底世界，简直是异想天开。

1943 年，潜水设备实现了真正的飞跃。那一年，法国海军军官古斯塔发明了"水肺"，这是一种轻便的辅助呼吸装备。只要背着它，潜水员连专门的潜水服也可以不穿，直接下水。人类可以真正地触摸海底了。海底世界的热闹、古老沉船的秘密在潜水员的面前都变得"一目了然"了。

除了服装，人们还发明了各式各样的潜水器具，最有名的自然就是潜艇了。与潜艇有关的构思最早出现于 15~16 世纪，构思

▋早期很笨重的潜水服

▋现代的潜水服

地球有话说

人类探索海洋，便给海洋带来各种噪声，如船舶噪声、声呐噪声以及水下工程噪声等等。如今的海洋早已是一个名副其实的"噪声海洋"了。科学家发现，只要人类活动暂停，海洋噪声就会大为降低。比如近两年的新冠病毒肺炎疫情期间，由于全球封锁，海洋中的噪声水平大约降低了20%。

者是"全能型"天才达·芬奇。他曾经构思一种"可以水下航行的船"。他的构思激发了后人的灵感，人们设计出了一艘用于军事上的潜艇——"海龟号"，其样式稀奇古怪，但它开创了一个新的时代——潜艇时代。

▌世界最早水下作战潜水艇——"海龟号"
潜水艇，样式古怪

"海水不可斗量"

当人类的足迹遍及地球各大水域的时候，似乎只有探测深海才能激起人类的"征服欲望"了。

最早的海洋测量形式简单，用木棍、长竹竿探入水下，估量海水的深度。这听起来如同儿戏，但海洋探测科学就是这样展开的。

可木棍或竹竿的长度毕竟有限，人们又开始用绳索来测量水深。最早用绳索测量海深的人很有名——冒险家麦哲伦。环球航行行进到太平洋海域时，麦哲伦天才般地突发奇想，令人将一根仅有几百米长的绳索投入茫茫大海，以求探测大洋底的深度。这显然是不可能的，但麦哲伦顾不得那些，直接对外宣称，他发现了全球海洋最深的地方。

麦哲伦说了谎话，但他却开启了人类测量深海的"征途"。1872年，英国派出"挑战者"号调查船进行了世界上最早的海洋科学考察。

这是一次由政府发起的海洋科考行动，"挑战者"号也是一艘由海军军舰改装而成的科考船。在三年半的时间内，"挑战者"号游历了大西洋、太平洋以及印度洋，进行了上千次的探测行动，收集了大量海深、海温、海洋物种、海底地形、洋底沉积物等方面的相关资料，使人类对海洋有了飞跃一般的认识。

此后，世界各国展开海洋探测竞赛，各种新式海洋调查船及海洋探测技术层出不穷。

1872年，英国派出"挑战者"号调查船进行环球海洋科学考察

海洋研究

海底画像

  在"挑战者"号的带动下，越来越多的海洋科考队开始行动。人们逐渐认识到，海水中蕴含着无穷的知识世界。于是一门新兴的学科——海洋科学由此诞生。到20世纪60年代后，潜水设备取得大发展，海洋科学也"如虎添翼"，进入崭新的时期。美国海军成功潜入马里亚纳海沟的万米深渊，宣告了人类具有探索最深洋底的实力。

  水下测绘是海洋研究的一项重要内容，目的是了解海底深度和地形地貌等信息，就像给海底画像一样。要给海底画像，得借助特别的"画笔"——声呐设备。

▌多功能回声
探测仪

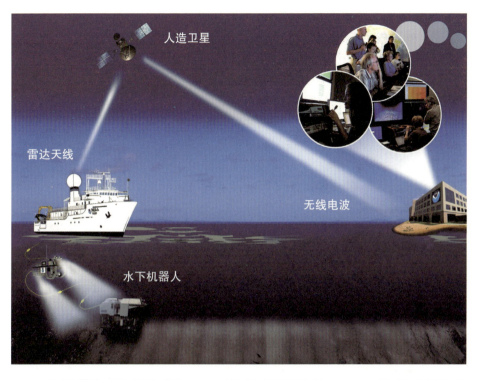

图中标注：人造卫星、雷达天线、无线电波、水下机器人

　　我们都知道"回声"——当声音遇到高大墙壁或是山脉时会被"反射"回人的耳中，这个原理在水下也是适用的。因此，人们只要测出声音从船上发射、再返回的时间差，乘以水中声波传播速度（1500米/秒）就能得到船与测量目标间的距离。那么，只要在船上安装声呐设备，海洋深度问题就迎刃而解了。

　　随着人类技术的进步，声呐设备也越来越先进。有一种能够同时发射多束声波的回声探测仪，而它的接收装置能够将反射回的多束声波分别记录下来，经过复杂的计算后，人们就能得到更大幅的海底地形图了。

▌ 美国深潜研究船配备了最新的工具，应用先进技术，使船上和岸上的科学家能够收集有关深海的物理和化学海洋学、地质学、生物学及考古学的数据

地球有话说

声呐设备的启用会在海底造成巨大的噪声——有些设备可以发出高达215分贝的音量。这种噪声水平仿佛在水下启动了一辆双引擎的战斗机一样。有些声呐设备的噪声水平甚至高达235分贝。而据生物学家称，只要超过110分贝的声波就能令鲸鱼烦躁不安，190分贝的声波就可以轻易击穿鲸鱼的耳膜……所以，如何使用声呐设备是一个问题。

　　如今，我们已经进入机器人和无人机时代，声呐设备乘上新型设备的"东风"，功能越来越新奇先进。当工程师们将水下机器人放入水中，探测结果便实时传递到接收设备的屏幕上，测量点编号、测量时间、测量位置等多项信息被自动记录，计算结果即时显示，省去了大量的人力物力，测量结果极为可靠，图像清晰而直观。整个过程如同科幻大片一般精彩纷呈，令人叹为观止。

　　随着技术的更新迭代，人类探秘海洋的手段也越来越多，各式先进的海洋研究船、深海探测船游弋在各大洋面，早已屡见不鲜。

　　目前，国际上正在开展为期10年的国际海洋探勘计划，中国科学家也参与其中。这项计划将使人类对海洋、生物圈、地球运动等相关方面的了解更上一层楼。

现代水下机器人

太空视角

　　人类的好奇心从未停止，人类对于海洋的测绘、研究并没有局限于水下，科学家将目光瞄准"天上"，想看看从天上"探测"海洋的话，会有什么不同。美国人利用 20 年的时间，交出了两份答卷。他们分别于 1960 年和 1978 年发射第一颗气象卫星和第一颗专用海洋观测卫星。人类的观测角度得到前所未有的"抬升"，得到的结果自然更全面、更宏观了。

　　人造卫星上天，使得科学家能够在全球范围内观测海洋。这样一来，恶劣的天气、极端条件下的海区等多方面的不利因素都可预测了，人类可以全天候、全景式地收集海洋信息。比如美国在 1978 年发射的"SeaSat-A"，它是一颗位于地球上空 805 千米高度的海洋卫星。它所搭载的传感器能 24 小时不间断地收集与海洋有关的任何

■ 1960 年 4 月 1 日，美国发射第一颗气象卫星 TIROS-1

环保小·贴士

数字海洋

在数字信息时代，人们已将遥感技术应用于海洋污染治理，尤其是石油污染防治方面。我国"HY-1"号（海洋一号）遥感卫星的一大功能是在天上监测海洋污染，重点监测内容便是海洋石油污染。当雷达监视图像变暗时，意味着该区域发生石油泄漏事故。有了这项技术，人们能及早发现船舶、海底管道、石油钻井平台等区域发生的石油泄漏事故，并以最快的速度处理污染事故。

信息，如洋流、潮汐、波浪、海面温度、风暴等等。随后，这些资料被转化为图像送回地面研究室。科学家就会得到一张张翔实而逼真的电脑图像，所有信息一目了然，这是陆地观测时代无法想象的奇迹。除了海洋本身，海面上漂

▌ 1978 年 6 月 28 日，美国发射世界上第一颗海洋卫星——""SeaSat-A"，称为"海洋遥感卫星里程碑"

哨兵-2（Sentinel-2）遥感卫星

浮的植物也在人造卫星的"遥感观测"之下。有了这些资料，科学家能对海洋生态环境进行更进一步的判断，对海洋渔业等方面做出更准确的预测。

从20世纪70年代以来，中国也开始注重海洋遥感观测领域，自主研制并成功发射了多枚"海洋"系列卫星，对中国沿岸及毗邻海域进行了日渐深入的科学研究，取得了不小的成就。

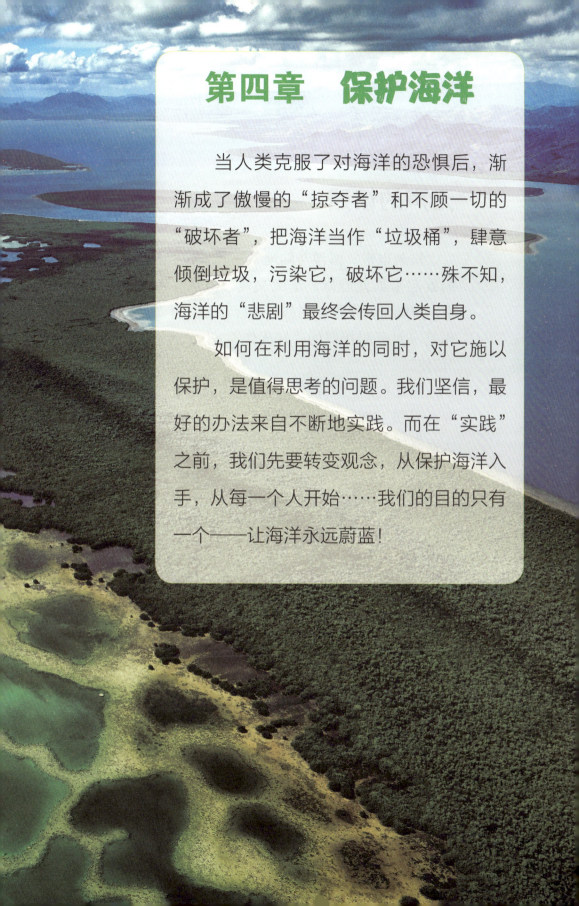

第四章　保护海洋

当人类克服了对海洋的恐惧后，渐渐成了傲慢的"掠夺者"和不顾一切的"破坏者"，把海洋当作"垃圾桶"，肆意倾倒垃圾，污染它，破坏它……殊不知，海洋的"悲剧"最终会传回人类自身。

如何在利用海洋的同时，对它施以保护，是值得思考的问题。我们坚信，最好的办法来自不断地实践。而在"实践"之前，我们先要转变观念，从保护海洋入手，从每一个人开始……我们的目的只有一个——让海洋永远蔚蓝！

"深蓝"宝库

无声的馈赠

长久以来，海洋与陆地紧密相依，但又界限分明。它们看起来彼此静默，毫无交流，但这并不是真相。实际上，海陆之间不仅时刻都在进行着无声的"交流"，还可算作是一对肝胆相照的"好伙伴"。小水滴是它们最可靠的"信使"。

旭日东升，海洋开始接纳光照和热量,仿佛我们每个人要吃早饭一样。人的肚子容量有限，但海洋却胸怀宽广、大而能"容"，再多的阳光和热量都被它缓缓"吞下"。渐渐

水蒸气在上升过程中形成云

▌水循环示意图

云产生雨水
地下水注入河流

地面河流

太阳使水的温度升高，变成水蒸气蒸发到大气层中

雨水的渗透

▌海洋中的浮游植物制造的氧气超过陆地植物的总和，没有它们，海洋将如同荒漠

地，海洋成了一个十足的"蓄热池"。多余的热量和水汽会源源不断地向上升腾，急需一个出口——这也是寒冷、干燥的陆地所需要的宝贵水汽资源。"心知肚明"的海洋"调派"气流出场，令它携带千千万万颗小水滴赶往陆地，在那里成云致雨。

雨滴本是源于陆地和江河水流，当雨滴再次倾盆落下时，便完成了海洋对陆地的默契"回馈"，这个过程也被叫作海陆间的水循环。与此同时，海陆间的热量"交接"结束，全球气候得到调节，赤道和两极的温差不会太悬殊，小水滴也要踏上新的循环之旅。对了，"灵动活泼的小水滴"经常变换面孔，有

环保小·贴士

气候密码

　　水循环是全球气候的一个重要"塑造者"，但当全球变暖加剧时，原本平衡的水循环反而遭到严重破坏。科学家根据卫星监控等多项数据做出预测：全球水循环正在加速，海洋表面的水分蒸发量将不断增加，海水表面的盐度也将不断上升。水循环的加速会使干旱的地方更干燥，使原本湿润的地方暴雨频繁，极端气候现象会愈加频繁。

时候会带着雪或是冰雹的面具"回归"陆地。

　　在整个水循环的过程中，陆地还能得到一些额外"福利"，比如来自海洋的氧气。要知道，海洋是地球的另一个"肺"——海洋中的浮游植物在时刻不停地"吐"出氧气。

降水、蒸发和径流是水循环过程中的三个重要环节

蛋白质"工厂"

我们对海洋的了解越深，就越得承认海洋是一座"无所不包"的天然资源宝库。生物资源、矿物资源、化学资源……海洋一直"倾其所有"地供养着人类。

也许你的家远离海洋，但你的生活绝对离不开海洋。到餐桌上看看！鱼、虾、贝类、海藻类，无一不是海洋对人类的馈赠。

实际上，我们所见到的"海物"仅仅是海洋生物资源的"九牛一毛"而已。据科学家估算，海洋每年为人类提供的水产品数量可达 30 亿吨，可满足 300 亿人食用，这远比耕地的"产出"要多得多。为什么我们没有明显的感觉呢？

这是因为目前全球海洋捕捞和养殖仅仅利用了"四大洋"1/10 的水域而已。随着世界人口与食物供应矛盾问题的突出，人类必然开启"向海洋要食物"的时代。

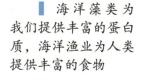

▌ 海洋藻类为我们提供丰富的蛋白质，海洋渔业为人类提供丰富的食物

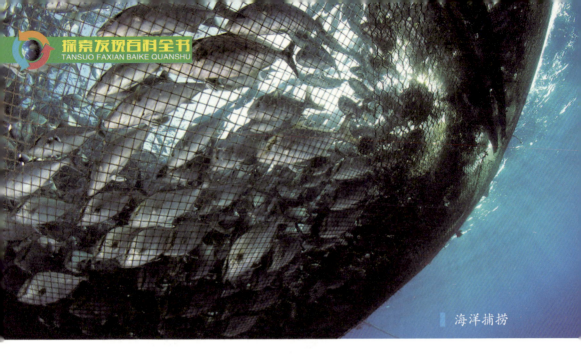

海洋捕捞

鱼类资源是海洋生物资源中最主要的一种，它们是人类食用优质蛋白的主要贡献者。世界大型渔场主要分布于太平洋、印度洋和大西洋等水域，太平洋是渔获量最高的水域。

从 20 世纪 50 年代以后，世界渔业产量逐年递增，但也出现了过度捕捞的问题。

海洋生物不仅能供人食用，有些还是重要的药物资源，可以治病。比如海带就是治疗甲状腺疾病的良药，还能帮助人"瘦身"呢。至于乌贼、鲍鱼、海马等多种生物都有一定的药用价值，对人类益处良多。

第一次海洋生物普查结果显示，全球海洋中大约生活着100万种生物，其中大多数种类还没被人类认识。这是一个超级生物王国，但目前，海洋塑料的数量也在与日俱增。如果人类再不采取措施的话，到2050年，海洋塑料垃圾的总重量将超过鱼类的总重量。

地球有话说

金属"仓库"

石油和天然气是一对顽皮的"孪生兄弟",它们"藏身"于地球的各个角落,就连海底也是它们的"藏身之所"。人类费了好大的功夫才发现这个秘密。

但随着技术的进步,人们找到的海底油田越来越多,参与海底油气勘探和开采项目的国家也越来越多。世界海底油气资源集中在四个海域,波斯湾、美国墨西哥湾、非洲安哥拉以及尼日利亚近海海域。我们国家是油气资源大国,毗邻的四大海域储存着数量可观的油气资源,具有广阔的开采前景。

海底锰结核算是海底"特产"。锰结核又叫多金属结核,是由铁、锰、铜、镍等金属组成的集合体,外表通常是黑漆漆的团状物,形似葡萄串。这是一种非常难得的资源,能提取出多种工业金属。据专家估算,海底锰结核的全部储量可达3万亿吨,简直是工业

▌深海采锰矿概念图

▌2019年,美国在东南部深海勘探中发现这一区域海底大部分都被锰结核覆盖

环保小贴士

采矿污染

　　砂矿是海洋重要的矿产资源，海洋砂矿开采也为人们带来巨大的经济利益。但我们不能忽视这背后的污染问题：首先是沙滩的快速消失，昔日的沙滩美景不复存在；其次是导致海洋物种的死亡及海洋生态环境的损害；另外，随着砂矿的扩大，沿海防护林会不断后退、缩小，进而波及邻近的建筑、公路甚至农田，引发一系列的环境问题。

金属的大仓库。

　　海底还有一种"宝物"——软泥。它的学名叫海底热液矿床，是海底热液与重金属的混合物。软泥摊在海底，但里面蕴含着很多"宝物"——铜、铅、锌、金、银，如同打开海底"盲盒"一样，令人惊喜连连。

　　当然，海洋中的宝物还不止于此，像海滩上的矿砂也是一种重要的工业原料。至于更多的宝物，要等待你的进一步了解了。

海底热液沉积物开采

"提取"淡水

我们都知道大部分地球被水覆盖，可你知道这其中能被人类真正利用的淡水有多少吗？让我们从一组数字中寻找答案。

地球表面有近71%的面积被水覆盖，其中97%是海水，剩下的3%是淡水；但这其中有一部分以冰的形式储存在两极的冰川中，不能直接被利用，能被人类直接利用的只剩下最后的0.3%了。

淡水资源少得可怜，但人口却时刻增加，消耗量也与日俱增，以后该怎么办呢？有人想到了"海水淡化"的办法——只要去除海水中的盐，就能得到淡水了。

最容易想到的淡化海水的办法就是"蒸

▌使用反渗透法，每处理100立方米的盐水，可获得多达70升的淡水

地球有话说

进入21世纪，"海水淡化"似乎已不是什么新鲜事了，因为科学家已经有了更离奇的想法——从空气中"提取"水分。在气象学中"湿度"的概念说明空气中是含有水蒸气的，而水蒸气遇冷会凝结成水滴。科学家利用这些基本常识，大量收集空气，进行"冷凝"，从而使空气中的水蒸气迅速转化为液态的水。目前已有科学家在沙漠地带安置装备，提取空气中的水分进行灌溉了。

发法"：加热海水，使之蒸发；再把水蒸气收集起来，冷却，得到的便是淡水了。不过在实践中，人们又发明了更多的办法，有的要用到电，有的要用到一种特殊的膜，它们的原理都是将"盐""水"分离。

目前世界上很多国家都在开展"海水淡化"项目，最有名的是科威特。这个国家有大面积的沙漠，也有丰富的石油，但淡水奇缺。他们早在20世纪50年代就开展了"海水淡化"工程，建有六座海水淡化工厂，还有数十座锥形储水塔，能满足全国人民的淡水需求。

▌科威特的海水淡化水厂

化学海洋

掬一捧海水在手心，看起来好像和雨水没什么区别，但海水没那么简单，并且大有玄机。每一片海洋都是化学的海洋，里面溶解着无穷无尽的矿物质，只要用上合适的办法，里面的化学元素都能被提取出来。

盐自古以来就是重要的民生物质，谁也离不了。盐是人类必需的调味品，举足轻重。它让古代很多商贩发了家，甚至还是古罗马士兵的薪水替代物。到了近代，人们又发现盐在化学工业中的重要用途。而盐的一个重要来源就是海水。

海水中含有大量的氯化钠，海水的味道就可以证明这一点。过去人们直接晒干海水得到盐，但那种盐叫作粗盐，因为掺了铁、

▌海边的盐田

环保小·贴士

叠加效应

海洋中原本的化学物质，并不会破坏海洋环境，但是人为排放到海洋中的化学混合物却是海洋的一大公害。最可怕的是，当各种污染性的化合物叠加在一起，它们的毒性也会"叠加"起来，并相互放大，成为毒性更强的污染物。

镁等杂质，味道苦涩不堪。要想得到纯净的食盐，粗盐还得经过过滤、提纯等多道工序才行。虽然工序复杂，但一举多得，我们能得到不少"副产品"，比如镁元素、溴元素等，它们在很多行业大有用途。

镁是一种轻金属，是建筑业不可缺少的金属。它在海水中的含量也不少，全世界现有的镁元素有很大一部分是从海水中提取出来的。溴也是海水中含量较多的一种元素，它能用于石油工业、制药业。值得一提的是，人们要想获得溴元素，用不着特意创制"工序"提取它，因为在提取盐或镁的过程中，就能得到不少溴元素。

碘元素也能从海水中提取出来。碘的用途更广，外用药碘酒能用来消毒；人工降雨和火箭添加剂中要用到碘元

▌海水提铀厂

从海水和废水中回收锂

素。人们可以通过海水获取碘，也能从海藻中分离出碘。

铀是核电工业的重要元素，它同样存在于海水中。虽然含量不高，但对于那些缺铀的国家来说依然很有吸引力。比如日本对"海水提铀"项目便有着极大的兴趣，已经研制出利用吸附剂吸附铀元素的办法。

海洋中所蕴含的化学元素可不止文中所列的几种，地球上所存在的天然元素种类，在海水中都能找到它们的影子，这个数字可达80多种。单单就盐来说，它的总量能轻松盖住陆地表面，还能堆起一座40层楼那么高的大"盐"台（约150米）。

地球有话说

被渔网缠身的乌龟

病态海洋

"大崩溃"

　　人类曾以海洋为骄傲，以至于迷失在它的广袤无边、资源丰富之中。人类甚至天真地认为，以海洋的"宽广包容"，无论人类对海洋做出什么，它都会永远保持无尽的深蓝。但真相恐怕要让人类感到失望了。

　　人类的技术越先进，对海洋的"畏惧"便越轻，对它的掠夺和破坏便愈加肆无忌惮，这导致了日益严重的海洋危机。海洋危机的一个表现是海洋污染，而海洋污染则源

被绳索缚住的海狮

环保小贴士

染指南极

农药会随着大气、雨雪以及江河等渠道进入海洋。而大气是"输送"农药的重要渠道，大气去往哪里，农药就跟着去往哪里。所以，遥远的南极冰雪或是湖泊乃至企鹅体内检测出农药的成分，也就不稀奇了。南极环境寒冷干燥，不利于农药的降解，因此，它们所造成的环境危害会更加持久。

于人类对海洋环境的改变——向海洋排放有害物质，年深日久，引发了海洋生态系统的"大崩溃"。

人类的主要活动范围在陆地，觉得海洋污染离我们远着呢。其实，海洋污染离我们很近。当海洋中有毒物质增加时，它们会进入海洋鱼类、藻类体内，人一旦食用，就会跟着遭殃。至于那些直接被"毒死"的海洋

▌海洋污染就是一场生态灾难

生物则会导致人类捕获量骤减，造成食物短缺。海洋污染还会给浮游生物带来"灭顶之灾"。浮游生物减少了，地球上便少了一个重要的二氧化碳"消费"群体，温室效应会跟着严重起来。总而言之，人类肆无忌惮地破坏海洋，必然给海洋生态平衡带来严峻考验，最终伤害的还是人类自身。

人类惹的祸

海洋里的污染物多是来自陆地。那些污染陆地环境的事物，到了海洋里，也是一股"破坏力量"。人们把来自陆地的污染物叫作"陆源污染"。

农药会对土壤以及地下水造成污染，当它们随着河流进入海洋时，同样会给海洋生态带来破坏性影响。有些含汞、铜等重金属的农药，以及含有有机氯的农药毒性很强，会抑制海洋植物的光合作用，还会损害鱼类、贝类等海洋生物的繁殖能力，造成海洋生物减产，破坏海洋生态环境。当这些被污染的海洋生物进入人类餐食中时，人类又要

人类制造出的工业垃圾，可能会进入大气中、土壤里、河流中，但不管怎样，它们最终的归宿都是海洋。世界各大海洋成了污染物的"垃圾场"，海洋沦为"毒"海，渐渐失去往日的生机和活力，触及海洋渔业及旅游业的底线。如果再不治理，"海洋正在死去"并不是危言耸听。

地球有话说

"自食恶果"了。

海洋为沿海城市带来发展的机遇，但在人类享受发展的好处时，却忘记了海洋正在承受着"工业污染"之苦。受到海洋"低洼"地形的影响，这些污染物一旦进入海洋，就很难被清理出去。可以说，工业越发达，海洋中积累的污染物就越多。

全球海洋连为一体，给污染物的扩散提供了广阔的空间。个别海域的污染会随着洋流不断扩散，所产生的恶劣影响将是全球性的。更可怕的是，工业等原因引发的海洋污染常常是隐蔽的，但当它爆发时，又会造成难以挽回的局面。

工业将废水排放进海洋

核与热

1944年，太平洋上出现了一种全新的污染形式——放射性污染。这与美国正在秘密进行的核武器研制计划有关。

在华盛顿州东南地区一片荒漠地带，汉福德工厂正在紧锣密鼓地进行着各项核试验，希望在最短时间内获得原子弹。同时，工人们将各种核废料丢在附近的荒野上，并任由它们随着哥伦比亚河进入太平洋。他们绝不会料到，一个无意的行为，会开启一个海洋放射性污染的时代。

此后，海洋核污染的威力开始显现，全球海洋不断遭受各种原因引起的放射性污染。核爆炸、核工业产生的废水或核潜艇排放的污水，都在向海洋"投入"大量的放射性物质。

20世纪70年代，法国曾在阿尔及利亚和法属波利尼西亚附近海域进行海上核试验。这次实验给当地环境带来极大灾难：15万军民直接受到核辐射的侵害，爆炸中心方圆

▌核爆炸会造成放射性污染

日本将福岛核电站泄漏的核废水排入大海

5千米以内的鱼类和海洋生物全数死亡。50平方千米的海域成为核污染区，鱼类及其他海洋生物因受到放射性物质的影响而发生变异。这样的影响往往是几代人难以承受的。

核污染如洪水猛兽，但热污染也不容小觑。当海水异常升温时，意味着海洋可能陷入热污染之中了。异常的高温来自化工、造纸、机械制造等企业排出的废水，它们的温度很高。高温废水进入海洋，会使那些喜欢低温的鱼类遭遇灭顶之灾；也可能促进某些水藻暴发式增长，从而"挤压"其他海洋生物的生存空间。

地球有话说

日本政府将福岛核电站的核污水倾入太平洋，引起世界的震动。因为这极不负责的决定，将对海洋环境治理及生态系统维护产生负面影响。核物质带有辐射，它们可能引发海洋动物的死亡、基因突变等诸多问题——只是不知道哪些运气不好的动物会"中招"。

白色海洋

"第八大洲"

20世纪末的某一天，一位海洋学家在乘船穿越北太平洋时，忽然发现了一些"与众不同"的现象——海面上竟钻出了两块从来没见过的"岛屿"。

这两块"岛屿"位于世界著名旅游胜地——夏威夷群岛与加利福尼亚州之间，面积约有343万平方千米。这相当于得克萨斯州的2倍那么大，同时超过欧洲面积的1/3。如此巨大的"岛屿"并不是自然的造化，其实是人类垃圾的"集中营"。这便是臭名远扬的"太平洋垃圾岛"，因为面积实在太大，又被一些人戏称为世界"第八大洲"。

人类毫无顾忌地向海洋排放各种垃圾，它们漂散在海洋上，在洋流的作用下逐渐聚集到一起，形成垃圾岛。

为了弄清这个垃圾岛的"底细"，一些科学家在2009年对这里展开了科学考察。结果表明，这里的垃圾全部来自陆地，以生活垃圾为主，总重量达到350万吨，绝大部分是塑料垃圾，塑料瓶、塑料袋、绝缘材料、塑料芯

▌垃圾岛

片……多得数不清。原来，恐怖的"白色污染"早已"染指"海洋，令人触目惊心。

更令人后怕的是，全球大洋上的"垃圾岛"已经不止这两处，南美洲沿岸一个新的垃圾岛正在形成中。如果不加以干涉的话，地球上蔚蓝的水域将会漂满白色垃圾。

▍ 海洋生物没有人类的分辨力，还把塑料当"美味"一样追逐享用。海龟就特别爱吃"塑料袋水母"

环保小·贴士

最糟糕的发明

过去人们曾把塑料当作一种引以为傲的发明，但是当塑料充斥了人们的生活后，人们才意识到这是一件多么糟糕的事情。塑料给我们提供了巨大的便利，便宜又耐用，可它们却极难降解——燃烧，可能释放有毒气体，污染空气；若是放任自流，则可能流入大海，污染海洋环境，祸害海洋生物。当海洋也无法负荷超量的塑料垃圾时，人类恐怕也要走到末路了。

海洋里的 "PM2.5"

■ 微塑料

　　"PM2.5" 原本是指空气中的一类细微颗粒，直径小于 2.5 微米（相当于头发丝直径的 1/20）。人们看不见它们，但却能将它们直接吸入体内。因为这些小颗粒能吸附 "毒物"，所以它们是有害的。

　　如今，海洋也未能幸免，也有了 "PM2.5"，被叫作 "海洋微塑料"，稍有不同的是它们的直径通常小于 5 毫米。

　　"微塑料" 是一个新名词，但当人们发现它的 "身影" 时，它的 "踪迹" 已经遍及全球各大海域，连极地乃至深海都有微塑料 "出没"。至于 "近在眼前" 的陆地淡水水域自然也无法 "独善其身"。

　　微塑料是哪来的呢？

　　来源之一当然是大型塑料。大块的塑料垃圾经历风吹日晒，或是被微生物分解后逐渐破碎、变小，形成微型颗粒，也就是微塑料；还有一种塑料，它们本来就是颗粒状的，比如人们常用的洗涤剂、牙膏中的微型颗粒、受到磨损的轮胎脱落的颗粒等等。

　　相比大型塑料垃圾，对海洋微塑料进行估量可谓难上加难。我们唯一确定的是，那是一个天文数字，而且时刻

　　■ 到目前为止，人类在海鸟、海龟、鲨鱼的体内发现塑料垃圾的消息早已不是什么稀罕事了

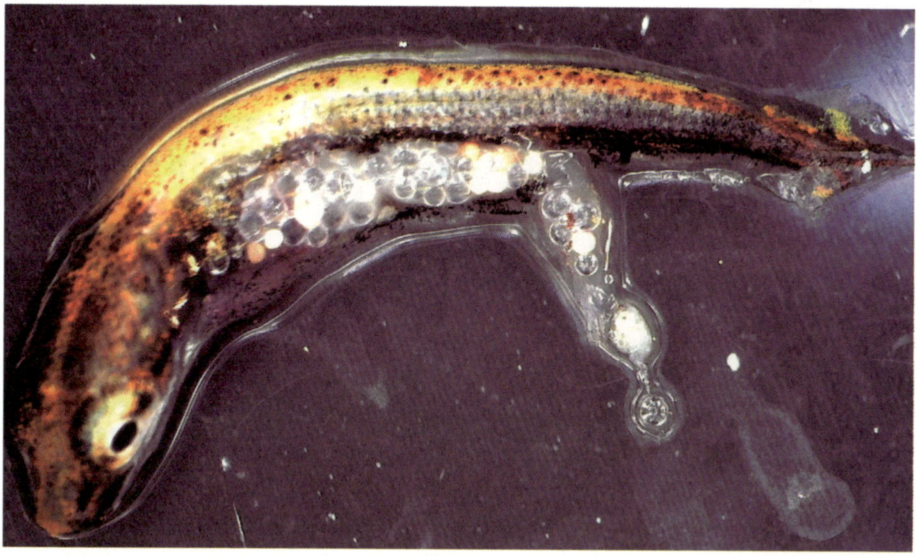

一条小鱼体内的微塑料

都在变大。

如果说大型塑料垃圾是横冲直撞的海洋“杀手”，微塑料则是杀伤力更强的“隐形杀手”。

当微塑料聚集在海藻上方海域时，它们将阳光反射出去，使藻类得不到阳光，无法进行光合作用，无法生长繁殖。当微塑料进入鱼类体内时，鱼儿会慢慢出现“中毒”症状，影响群体繁衍。而这种携带微塑料的海洋生物被打捞上岸时，它们的下一个去处就

人类在毫无知觉的情况下吃下了多少微塑料呢？据权威杂志评估，仅在2016年一年，全球新增的塑料垃圾中就有1900万~2300万吨进入了各类水域中。而进入人体的微塑料颗粒有多少呢？答案为全球人均每周摄入量约为5克——相当于一张银行卡的重量。更不可思议的是，就连婴儿的胎盘中也检测出了微塑料的成分。

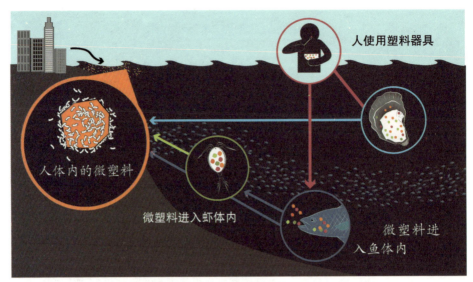

■ 微塑料的旅行——微塑料进入人体示意图

是人类餐桌。人类绝不会想到，扔掉的"垃圾"会以这种形式再回来。这实在是可怕的事情，因为科学家还没法回答它到底会给人类健康带来哪些长远影响。

除了好动的鱼儿，看起来"与世无争"的珊瑚礁也是微塑料的"谋害"对象之一。当微塑料"遇见"珊瑚礁，会立即释放出一种独特的气味，这是吸引珊瑚礁的"糖衣炮弹"。珊瑚礁"注重"气味，又不辨"黑白"，只顾大口吞食。这下，微塑料所携带的细菌和有毒物质也跟着潜入珊瑚礁体内，导致珊瑚礁生病。

■ 大堡礁白化的珊瑚：海洋里的微塑料越来越多时，珊瑚礁又遭遇了另一种叫作"白色综合征"的威胁

被破坏的珊瑚礁会失去往日的色泽，变得暗淡无光，显现出一片死寂的白色。目前，在加勒比海已经出现"珊瑚礁危机"，数十种珊瑚礁受到海洋塑料的毒害，严重者已濒临灭绝。

生态厄运

捕捞竞赛

过去，人们从海洋中捕捞鱼或其他生物的工具大多原始而简单——鱼竿、渔网，甚至还有徒手捞鱼的。这些捕鱼方式收获不大，对海洋的影响也不大。但进入工业社会后，所有工具都在快速地更新换代，人们开始用商业化的方式大规模捕鱼。

当汽笛声响起，拖着巨型渔网的大型渔船就出海了。当收网的按钮启动，就意味着一整群鱼"落网"了。"捕获物"被投入大型加工船，当场加工，以便它在最短时间内销往世界各地。而在全球海洋上，数以百万计

▎**大型渔网**

▎日本的捕鲸船

的渔船都在用类似的办法竞相捕鱼、加工鱼，每年的捕获量加起来超过几十亿吨。这样巨大的捕获量远远超过海洋生物的种族繁衍速度，如果不加改变的话，到2050年，人类将面临"没鱼可捕"的尴尬局面。

除了鱼类，那些寿命长、繁殖慢的海洋哺乳动物，如海鸟、海龟等物种一旦遭遇过度捕捞，将需要一个极为漫

传统捕鱼方式对环境伤害较小·? 这并不绝对。

"我"曾见过东南亚的巴瑶族人的捕鱼过程：将巨大的渔网拖入海底，固定在珊瑚和岩石上，使渔网上端漂浮在水中。随后，众多渔民潜入海底，用石块敲击珊瑚底部，受惊的鱼群和暗礁生物就会惊慌失措，四下逃窜，最终被逼入渔网之中。当渔民不断缩小·"包围圈"时，海底生物便无处可逃。这种方式会对各类鱼群产生毁灭性打击，致使暗礁周围陷入无鱼可捕的境地，而珊瑚礁本身也会因石块敲击而濒临死亡。

地球有话说

142

长的种族恢复期。海牛、蓝鲸等物种处于濒临灭绝的状态，都是人类过度捕捞惹的祸。有人做过统计，人类在 19 世纪后 40 年内捕获的鲸比之前 400 年捕获的还要多。

现在，人类已经认识到鲸类的群体危机，也在采取种种限制措施，但有些国家仍以"科研"为名大肆捕鲸。

红色幽灵

有时候，海面会忽然变色，这可不是谁在好心装扮海洋，有可能是一场生态厄运的预示——赤潮。

赤潮暴发时，海面一片猩红，还会散发浓重的臭味，令人作呕，人们嫌弃地称它为"红色幽灵"。实际上，这个庞大而可怕的"幽灵"是由一颗颗不起眼的小海藻组成的。

▌暴发的赤潮

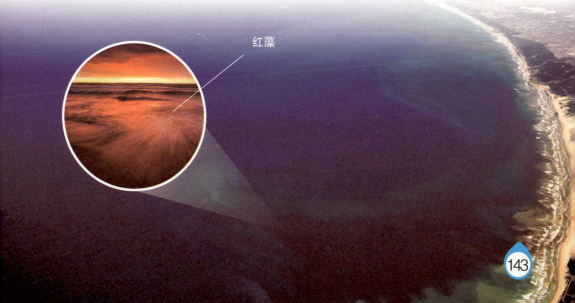

红藻

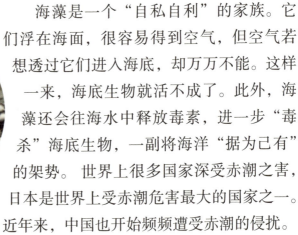

当海藻暴发式增长并聚集后，它们将海水"染"成红色或是绿色、褐色等等。虽然颜色各异，但统称为"赤潮"。

赤潮暴发的原因很多，但关键的一条是人类向海洋排放工业废水。工业废水中的有机物质深受海藻喜爱。源源不断的工业废水，为海藻提供了"营养"的盛宴。整个海藻家族在"狂欢"中暴发式繁殖，最终引发赤潮现象。

从表面上看，赤潮不过是让海水变色，但在水底下，生物却在无声无息中大批死亡，原因不难想象——缺氧。

海藻是一个"自私自利"的家族。它们浮在海面，很容易得到空气，但空气若想透过它们进入海底，却万万不能。这样一来，海底生物就活不成了。此外，海藻还会往海水中释放毒素，进一步"毒杀"海底生物，一副将海洋"据为己有"的架势。世界上很多国家深受赤潮之害，日本是世界上受赤潮危害最大的国家之一。近年来，中国也开始频频遭受赤潮的侵扰。

▌赤潮导致鱼儿缺氧而死

环保小·贴士

赤潮危害

赤潮暴发时，海洋浮游藻类来势汹汹，海水变为黏糊糊的状态，恶臭至极。它们还会附着在鱼虾等生物的体表和鳃上，令它们失去呼吸的能力。赤潮暴发时，海洋捕鱼业、养殖业将"不胜其扰"。为治理赤潮，科学家提出很多办法，加强赤潮监测预报、建设红树林改善海洋生态环境等等，但关键的还是控制污染源，不再向海洋排放各种工农业废水，等等。

恐怖的黑色

　　工业社会的运转，片刻都离不开石油的辅助，它们就像人体的血液一样重要。可当石油出现在错误的地方时，它会摆出另一副"面孔"，给人类一个杀气腾腾的"下马威"。

　　人类总是很小心地对待石油，但百密总有一疏，石油类化学品也会流入海洋，污染海洋环境。这种石油"入海"事件被叫作海上石油泄漏事故，一旦发生，会立即轰动全球。

　　石油入海的途径有很多，有的很直接，比如海上输油船发生事故、海底油田井喷事故、海底油矿自发漏油等等；有些则比较曲折，比如炼油厂向大海排放废水，里面含有石油类物质，它们会随着河流一并入海。

　　当这些"意外"加在一起时，就造成了每年总量 600 万吨的石油泄漏，其中约有 10 万吨石油被排入中国沿海海域。入海后，石油

▎被油膜包裹的海鸟

地球有话说

当石油泄漏事故发生在滨海区域时，除了海滨生物，人类也要面临直接的伤害了。油气挥发，会直接刺激人的皮肤及呼吸道，伤害人的内脏器官，还会破坏中枢神经系统，引发痉挛、昏迷等症状，严重时会导致人的死亡。另外，有些石油污染物还会进入地下水系统，形成持久性污染，危害更为深远。

开始发生一系列复杂的变化。最初，海面上会出现一块块大小不等的"油膜块"，像是在蓝色的海面上打起了黑色"补丁"。

| 当海风刮起，这些"补丁"开始移动、扩散

"油膜"看上去污秽不堪，味道也难闻。但这只是表象，"油膜"的危害在于它会"封锁"海面，把海面"堵"得严严实实，连空气也被挡在外面。海面以下自然会陷入"缺氧"的困境。没了氧气，海面以下的生命就没了生存的动力，只剩死路一条。而且对那些停留在海面上的、黏附上油膜的海鸟来说，将面临一场难以挣脱的生存危机。因此，石油泄漏事故简直就是噩梦一般的生态灾难，但几十年来，这样的噩梦不断在全球各海域上演着。

守护蔚蓝

为海洋"立法"

大海无私奉献，但却遭遇了种种不公：生物多样性被破坏，水域环境被污染，就连海底也被当作了天然的"垃圾场"。

实际上，海洋远没有我们想象的那么强大，它具有一定的自净能力，但这种能力不是无限扩大的。我们必须用实实在在的行动去保护海洋，保护生态系统，促进"人海和谐"。

海洋是一个国家国土的一部分，为海洋立法是保护海洋的一种方式。与其他类型的法律类似，"海洋法"也起源于纷争。

中世纪时，欧洲各个沿海国家靠海"发家"。英国、意大利、丹麦、挪威等国全力抢夺海洋利益。摩擦、战争不断，诞生了一些暂时性的协约文件，规范了各国的海上行为。到20世纪后，各国终于划定了各自的海域范围，并开始为自己的"海洋国土"制定各项法律法规。人类进入"海洋法"的时代。

第三届联合国海洋法会议

世界各国在面对一些公共海域问题时，还是互不相让。人类需要一个世界各国都能遵守的法律来保障各国的权益。经过几十年的协商和等待，《联合国海洋法公约》终于问世。

这部国际性的"海洋公约"，指导并约束人类合理地开发以及管理海洋，其中就有保护海洋、防止海洋污染方面的规定。它要求各缔约国采取一切必要措施，确保其管辖或控制的海域避免出现各种形式的污染，以保护和保全脆弱的海洋生态系统和海洋环境。

事实上，除了本"公约"，世界上还有很多以保护海洋为目的的国际法律文件，如《伦敦公约》《巴塞尔公约》等等，它们分别规定了"控制海洋倾倒物""控制非法捕鱼""控制危险废物"等方面的内容。

我们国家参与了很多国际性海洋法规的缔约行动，体现了我们对于海洋污染问题的重视和对海洋的保护程度。

海洋保护区

除了立法保护，国际上还有一种保护海洋的方式：建立海洋保护区。

海洋保护区是一块被划定的海域，那里的一切生物以及整个环境都受到最高规格的保护。最早的国家级海洋保护区出现在20世纪70年代的美国，为了保障它的地位，美国政府还颁布了与之配套的《海洋自然保护区法》。

目前世界最大的海洋保护区位于美国的夏威夷群岛西北部区域。这块"保护区"的面积约为50万平方千米，这里禁止任何采矿及商业捕捞活动。

这是一片得天独厚的区域，集中了马里亚纳海沟、玫瑰环礁、水下山脉等多处标志性地理事物，是几百种珍稀鱼类、绿海龟、玳瑁海龟以及众多珍稀鸟类的生存乐园，同时也有古代人类定居遗址等人文景观，是当之无愧的自然与文化双重遗产。在行之有效的保护措施之下，这里的珍稀动植物的数量正在逐步恢复中。

　　澳大利亚的大堡礁是位于大洋洲的海洋世界保护区。这里是珊瑚礁的王国，也是野生海洋动物的王国。巨大的珊瑚礁丛为几千

■ 查戈斯海洋保护区珊瑚礁上聚集的一群鱼。全球海洋禁捕区的三分之一位于查戈斯海洋保护区内

■ 大堡礁生态保护区

种鱼类、软体动物和鸟类以及世界濒危动物儒艮和巨型绿龟提供了天然的庇护所。

中国同样重视海洋自然保护区的规划建设工作，目前已有 60 处不同类型的海洋自然保护区，如蛇岛－老铁山自然保护区、昌黎黄金海岸自然保护区、湛江红树林自然保护区等等。

全球参与

保护海洋应该是全社会的责任，世界各国都在积极倡导公众的参与行为。

在日本，清除海洋沿岸垃圾是民众参与度最高的一项环保行动。如果不及时处理，海岸垃圾很快就会转化为海洋垃圾。为此，日本各地的海洋保护组织积极开展海岸垃圾清除行动，活动吸引了大批志愿者加入到地方性或是全国性的垃圾清理行动中。据统计，自从 20 世纪 90 年代初日本开展垃圾清理活动以来，已有 54 万立方米的垃圾得到回收并被妥善利用。

此外，日本环保机构还向民众发出倡议，倡导大家遵循三个原则：不产生垃圾、不扔垃圾、带走垃圾，同样取得了良好的效果。

▌世界海洋保护组织的人员为保护海洋不懈地努力着

为了更好地保护海洋，

日本人特别注重对森林的培植和保护工作。有了森林，泥沙不会轻易被带入海洋，海洋环境也不会遭到破坏。如今，日本的每一座山都被森林覆盖，那浓密的绿色是对蔚蓝的呼应，更是遥远的保护。

北欧沿海国家的"护海"行动同样有声有色。为保护波罗的海，瑞典政府积极倡导市民及各个团体参与到保护波罗的海的行动中来，还为他们提供各样的奖励，每年八月中旬是颁奖的日子。最早获得该奖项的是一家清理水污染的公司，它们在河流上游建立清污工厂，让河水在流入波罗的海之前便得到了"过滤"，从而保证波罗的海海水的清洁。

我们国家为减轻海洋污染、保护海洋环境，同样采取了全方位的守护措施。海面上，我们持续进行"碧海行动"，使得渤海等海域水质已经比从前有了不小的提升，水面清澈，漂浮物不见了，连渔民们的收获也比从前多了不少，海鸟也飞回来了。

■ 世界海洋日的水下活动现场

151

海岸边的"红树林保护工程"是我们守护海岸"生命线"的重要行动。2001年初，我国开始启动红树林保护工程，将全国50%以上的红树林生长区划定为自然保护区，在保护的同时积极造林。到目前为止，我国的红树林面积已从2000年的2.2万公顷增长到现在的2.9万公顷。我们不仅保护了红树林，还壮大了它们的势力，有效地守护了海岸生命线。

走向"深蓝"

海洋问题是如此重要，有着"牵一发而动全身"的影响。除了设立国际性的世界海洋日以呼吁人们保护海洋，激发人们的责任与意识外，人们还想到用国际合作的办法解决海洋问题。于是，国际性的海洋组织应运而生。国际海事组织、国际海洋科学组织是久负盛名的两大国际组织，它们发挥各自的专长，为防止污染、保护海洋做出了不懈努力。

在各个国家内部，同样有各种各样的公益组织在为保护海洋贡献自己的力量。中国生物多样性保护与绿色发展基金会（简称"绿会"）是中国国内较有名气的海洋公益组织。绿会拥有数万名热心公益的志愿者，成员中不乏青少年力量。

海洋是一道蓝色大门，连接着中国和世界。它是我们实现海洋强国之梦的根基。"海洋意识""海洋环保"应成为青少年教育的一门重要功课；"环保光荣，污染可耻"的环保道德观，应该是每一个青少年所具有的基本素质。保

环保小·贴士

碳中和

在我国政府全力提倡生态文明的当下，碳中和成为一项中长期"减排"目标（2060年前实现）。碳中和中的"碳"即"二氧化碳"；"中和"指社会生产生活中排放出的二氧化碳被植树造林、节能减排等形式抵消。当碳排放量实现"中和"目标时，我们现在所担忧的海洋酸化、全球升温等一系列问题都将迎刃而解。

护海洋刻不容缓，因为保护海洋环境就是保护人类的未来。

在生活中，青少年也有机会为保护海洋贡献力量，比如我们可以购买有环保标签的海洋鱼类，不给海洋增加垃圾负担，加入正规的海洋环保公益组织，等等。

也许一个人的力量是微薄的，但每一份微薄的力量都是我们整个民族"走向深蓝"的星星之火，必将汇聚成"守护深蓝"的燎原之势。

▌人类来自海洋，未来也将重返海洋